Errata corrige

Bärlauch und Maiglöckchen: Wenn Kräuter-Zwillinge die Autorin austricksen
Zwei grüne Doppelgänger in diesem Buch haben sogar mich kurz aufs Glatteis geführt. Bevor das auch dir passiert, kommt hier die offizielle Richtigstellung aus dem Amt für botanische Zwillinge und Drillinge. Wie du siehst: Auch Kräuter-Profis lernen nie aus!

Liebe Grüße
Deine Tami

S. 117
Die richtige **Eselsbrücke** lautet:
Um den Bärlauch sicher zu identifizieren, sollte man immer auf mehrere Erkennungsmerkmale achten. Beim Bärlauch merke ich mir: Der wahre Schatz hat eine glänzende Oberfläche. In die Küche darf er nur, wenn er nach Knoblauch duftet und „knackige" Mittelrippen hat.

S. 118
Erkennungsmerkmale: **Blätter**
Bärlauch
- einzeln mit einem eigenen, länglichen Stiel aus dem Boden wachsend
- lanzettlich bis elliptisch, Oberfläche glatt und leicht glänzend, Unterseite matt
- deutlich sichtbare Mittelrippe, die beim Biegen hörbar „knackt"
- intensiver Knoblauchgeruch beim Zerreiben der Blätter

Maiglöckchen
- mindestens zwei, manchmal auch mehr und aus einem gemeinsamen Stängel wachsend
- ebenfalls lanzettlich, aber meist breiter und fester
- Oberseite matt, Unterseite glänzend
- Mittelrippe biegsam, kein Knacken
- stärker gefalteter Austrieb, junge Blätter liegen wie eine Röhre eng zusammen
- ohne erwähnenswerten Geruch

TAMI VON SEYR

Kräuter-Zwillinge

RÆTIA

Einleitung

Wenn sich die Kräuter doppeln – und doch nicht gleich sind. Wer kennt's nicht? Man streift durch die Gegend, sieht ein üppiges Blattgrün und denkt sich: „Ah, die Wald-Engelwurz!" – nur um später zu erfahren, dass man sich vielleicht doch wieder mit dem Giersch angefreundet hat. Oder man freut sich über einen lila Blütenteppich im Rasen und fragt sich: „Ist das jetzt Günsel, Gundelrebe oder sogar Braunelle?"

In der Welt der Wildkräuter gibt es etliche Pflanzen, die sich zum Verwechseln ähnlich sehen – sogenannte Kräuter-Zwillinge. Sie teilen sich Standorte, Farben oder Blattformen, unterscheiden sich aber oft in ihrer Wirkung, Verwendung oder sogar Verträglichkeit. In diesem Buch nehme ich dich mit auf eine Reise durch diese pflanzlichen Doppelgänger und Drillinge. Auch zeige ich dir, wie du sie sicher unterscheiden kannst und worauf du achten solltest, wenn du sie in der Küche oder Hausapotheke einsetzen willst.

Gemeinsamkeiten, Unterschiede, Erkennungsmerkmale, altes Kräuterwissen, kleine Klugscheißer-Fakten und praktische Eselsbrücken – all das findest du in diesem Buch. Ob du nun Kräuterneuling bist oder schon halb zum Wurzelweib oder Kräutermann mutierst – mit dem Wissen aus diesem Buch wirst du sicherer in der Bestimmung, schärfst deinen Blick und hast zusätzlich noch was zum Schmunzeln.

Also los: Ran an die Zwillinge und Drillinge – und auf zu mehr Klarheit im Kräuterchaos!

Deine Kräuter-Tami

Inhalt

Wie man Pflanzen bestimmt

Ein Leitfaden für Neugierige

Pflanzenbestimmung kann sich wie ein faszinierendes Abenteuer anfühlen – wie die Jagd nach einem geheimen Pflanzenschatz. Es gibt unzählige Arten von Pflanzen und jede hat ihre eigenen Merkmale. Aber keine Sorge! Du musst kein*e Botaniker*in sein, um zu erkennen, was dir da gerade über den Weg läuft. In dieser kleinen Einführung verrate ich dir, wie du selbst ohne Expertenwissen Pflanzen bestimmen kannst – und das ohne Stress oder schlaue Latinum-Kenntnisse. Los geht's!

1. Augen auf und durchatmen

Bevor du mit der Bestimmung einer Pflanze beginnst, solltest du dir Zeit nehmen. Es ist wie ein Date: Du willst die Pflanze kennenlernen, also geh nicht gleich mit einem Taschenmesser los, um sie zu zerstückeln (auch wenn du neugierig bist). Nimm dir Zeit und studiere sie in Ruhe.

Wo wächst die Pflanze?
Schau dich um! Steht sie auf einer Wiese, im Wald, am Wegesrand oder vielleicht im Garten? Pflanzen haben bestimmte Vorlieben für Standorte – und das kann dir schon mal einen Hinweis geben.

Wachsform und Wuchsrichtung
Ist die Pflanze klein, groß oder mächtig? Hat sie einen strauchartigen Wuchs oder sieht sie aus wie ein winziger Teppich, der sich über den Boden ausbreitet? Manche Pflanzen sind richtige Kletterer – denke an den Efeu, der gerne an Bäumen hochklettert.

2. Beginne mit den Grundmerkmalen

Jetzt kommt der Moment, in dem du richtig pingelig werden darfst.

Blätter
- Welche Form haben sie?
- Wie sind sie angeordnet?
- Welche Größe haben sie?
- Wie ist ihre Oberfläche?

Blüten
- Welche Form haben sie?
- Welche Farbe haben sie?
- Wie sind sie angeordnet?

Früchte und Samen
- Welche Form haben sie?
- Welche Größe haben sie?
- Welche Farbe haben sie?

3. Lass dir von Bestimmungsbüchern oder -apps helfen

Für alle, die den klassischen Weg bevorzugen, gibt es jede Menge Bestimmungsbücher. Die sind zwar für Unkundige nicht so leicht zu benutzen wie das Smartphone, dafür aber immer einsatzbereit, auch mitten im Wald ohne Internetempfang. In den allermeisten Bestimmungsapps fotografierst du die Pflanze und die App schlägt dir mögliche Zuordnungen vor. Aber Achtung: Eine App ist nützlich, aber nicht immer perfekt und ganz sicher kein Ersatz für dein eigenes kritisches Auge.

4. Nimm alle Teile der Pflanze ins Visier

Die wahre „Identität“ einer Pflanze erschließt sich erst mit ihrem Gesamtbild.

Wuchsform
- Wie groß ist die Pflanze?
- Welche Form hat sie?

Stängel und Rinde
- Wie ist die Textur?
- Wie ist die Form?

5. Nutze deinen gesunden Menschenverstand

Wenn du dir nicht sicher bist, kann er ein echtes Ass im Ärmel sein! Stell dir vor, du bist ein*e Botaniker*in in der Antike (mit oder ohne Tunika, das bleibt dir überlassen). Wie würdest du vorgehen, um herauszufinden, welche Pflanze du vor dir hast?
Zudem gibt es (ein Vorteil gegenüber der Antike) im Internet viele Pflanzenbestimmungsseiten oder Foren, in denen Menschen ihre Pflanzen bestimmt haben und sie den anderen Interessierten vorstellen. Ziehe also deine eigenen Beobachtungen heran und vergleiche. Und wenn du dir dann immer noch unsicher bist, frag jemanden, der sich auskennt.

6. Vorsicht bei giftigen Pflanzen

Ja, es gibt sie, die „bösen Jungs“ unter den Pflanzen, die nicht so nett sind, wenn du sie anfasst oder isst. Aber keine Sorge, die meisten giftigen Pflanzen sind auch relativ einfach zu erkennen. Sie haben oft einen sehr intensiven Geruch oder eine auffällige Farbe. Bevor du irgendwelche wilden Pflanzen isst oder an deine Haut lässt, informiere dich genau.

7. Vermeide Flüchtigkeitsfehler

Achte darauf, dass du bei einer Bestimmung immer mehrere Merkmale der Pflanze beachtest, nie nur eines. Blätter, Blüten, Wuchsform – alle können sie ausschlaggebend sein. Auch die Jahreszeit ist wichtig: Manchmal sieht eine Pflanze in der Blüte völlig anders aus als nach dem Verblühen.

8. Hab Spaß beim Entdecken

Mit der richtigen Portion Neugier und ein bisschen Übung macht Pflanzenbestimmen schnell eine Menge Spaß. Du wirst überrascht sein, wie viel du über die Pflanzen in deiner Umgebung lernen kannst – und das alles mit einem Lächeln.

Kurze Checkliste zur Pflanzenbestimmung

1. Standort ansehen: Wald, Wiese, Garten, Gewässer?
2. Wuchsform prüfen: Baum, Strauch, Kraut oder Kletterpflanze?
3. Blätter genau anschauen
   - Form: rund, oval, gelappt, nadelförmig?
   - Anordnung: gegenüber, wechselständig, quirlig?
   - Oberfläche: glatt, behaart, gezackt?
4. Blütenmerkmale checken
   - Farbe und Form: trichterförmig, sternförmig, Dolden?
   - Anordnung: Einzelblüte oder Blütenstand?
5. Früchte und Samen beobachten: Beeren, Nüsse, Hülsen, Schoten?
6. Stängel/Rinde prüfen: glatt, behaart, stachelig, verholzt?
7. Geruch testen (vorsichtig!)
8. Mit Bestimmungsbuch oder -app abgleichen
9. Giftigkeit beachten

Heilpflanzen mit bekannter medizinischer Wirkung

2
1
3

Rotklee • Weißklee • Schwedenklee

Trifolium pratense
Trifolium repens
Trifolium hybridum

Rotklee, Weißklee und Schwedenklee sind drei Kleearten, die sowohl wild wachsen als auch angebaut werden. Der Name „Trifolium“ stammt aus dem Lateinischen und setzt sich aus „tri“ und „folium“ zusammen, bedeutet also „Dreiblatt“ und bezieht sich auf die charakteristische Blattstruktur der Kleearten, die typischerweise aus drei Blättchen besteht.

1. Rotklee
2. Weißklee
3. Schwedenklee

Erkennungsmerkmale

Blätter

Rotklee
- ovale, teils leicht behaarte Fiederblättchen mit heller, oft v-förmiger Zeichnung
- meist größer und breiter als beim Weißklee

Weißklee
- rundlicher, zierlicher als beim Rotklee
- meist helle Zeichnung in Form eines weißen Halbmonds

Schwedenklee
- etwa so groß wie beim Weißklee, aber oft von einem blassen Grün
- Zeichnung weniger deutlich oder fehlt
- insgesamt matter und weicher

Blüten

Rotklee
- kugelige, dichte Blütenköpfe in leuchtendem Rot, Rosa bis Violett
- lange und schmale Blüten, wie kleine Röhrchen

Weißklee
- kleinere, locker aufgebaute Blütenköpfe in reinem Weiß bis leichtem Rosa
- kürzere und zartere Blüten als beim Rotklee

Schwedenklee
- kugelige Blütenköpfe, aber heller als beim Rotklee
- oft rosa Basis mit weißen Spitzen oder mit unterschiedlich gefärbten Einzelblüten

Wuchsform

Rotklee
- aufrecht mit stabilen, kräftigen Stängeln
- bis zu 60 cm hoch
- wächst eher vereinzelt

Weißklee
- kriechend, bildet durch Ausläufer dichte Teppiche
- bleibt niedrig (meist unter 20 cm)
- flächige Ausbreitung

Schwedenklee
- teils aufrecht, teils niederliegend
- biegsame Triebe, ca. 30–50 cm hoch
- Wuchs eher locker

Standort und Vorkommen

Rotklee

- bevorzugt nährstoffreiche Wiesen und mag es sonnig

Weißklee

- kommt fast überall zurecht – ob im Rasen, an Wegrändern oder auf Weiden

Schwedenklee

- liebt feuchte Böden und wird häufig als Futterpflanze ausgesät

Volks- und Naturheilkunde

In der Naturheilkunde fristen viele Wiesenpflanzen ein Schattendasein. Zu Unrecht: Rotklee, Weißklee und Schwedenklee wurden früher nicht nur als Futterpflanzen, sondern auch als sanfte Medizin geschätzt. Besonders der Rotklee spielt bis heute eine wichtige Rolle in der Pflanzenheilkunde. Alle drei Kleesorten sind essbar. Junge Blätter im Salat, Blüten im Smoothie oder als Deko: Klee ist ein Superfood vom Wegesrand! Von Rotklee und Schwedenklee eignen sich die

Rotklee

Weißklee

Schwedenklee

getrockneten Blüten als Tee, vom Weißklee werden oft Blätter und Blüten gemeinsam verwendet.

Rotklee

Rotklee ist der Star unter den Heilkleesorten. In seinen Blüten stecken wertvolle Isoflavone – sekundäre Pflanzenstoffe mit hormonähnlicher Wirkung. Diese sogenannten Phytoöstrogene können bei typischen Wechseljahrsbeschwerden wie Hitzewallungen, Schlafstörungen oder Stimmungsschwankungen lindernd wirken. Auch bei PMS oder Zyklusunregelmäßigkeiten greifen viele Frauen zur Rotklee-Tinktur oder zum Tee aus getrockneten Blüten. Daneben enthält Rotklee Gerbstoffe, ätherische Öle, Salicylate und Mineralstoffe wie Kalzium und Magnesium. In der Volksmedizin wurde er auch bei Hautproblemen wie Ekzemen, Akne oder Schuppenflechte verwendet – innerlich und äußerlich als Waschung oder Umschlag. Früher nutzte man ihn sogar gegen Husten und Brustschmerzen, da er leicht schleimlösend wirkt.

Weißklee

Weißklee wird heute kaum noch heilkundlich genutzt, obwohl auch er wertvolle Inhaltsstoffe bietet: Glykoside, Gerbstoffe, Flavonoide und Saponine machen ihn zu einem reizlindernden, leicht entzündungshemmenden Helfer. Früher wurde Weißklee bei Durchfall, Fieber und als reinigendes Frühjahrskraut geschätzt. In der Volksmedizin kennt man ihn auch als Auflage bei kleinen Hautverletzungen oder Insektenstichen. Die Blätter wurden zerkaut und direkt auf die Haut gelegt. Auch bei Zahnschmerzen kam Weißklee zum Einsatz.

Schwedenklee

Der Schwedenklee ist in der Heilkunde das stille Mittelmaß. Er enthält ebenfalls Isoflavone – wenn auch in geringerer Menge als der Rotklee – sowie Flavonoide und Bitterstoffe. Er wurde insbesondere bei Frauenleiden und Verdauungsproblemen eingesetzt. In der traditionellen skandinavischen Volksheilkunde galt er als mildes Ausleitungsmittel und wurde bei Frühjahrskuren zur inneren Reinigung verwendet. Sein milder Geschmack machte ihn zu einem beliebten Zusatz in Wildkräutertees. Er gilt als magenfreundlich und beruhigend.

Klugscheißerwissen

Leguminosen, die grünen Robin Hoods der Pflanzenwelt

Leguminosen, auch Hülsenfrüchtler genannt, „klauen" Stickstoff aus der Luft und bringen ihn in den Boden – eine Wohltat für andere Pflanzen. Doch wie funktioniert dieses ökologische Wunder?
An den Wurzeln der Leguminosen leben Rhizobien – spezielle Knöllchenbakterien, die eine symbiotische Beziehung mit der Pflanze eingehen. Sie wandeln atmosphärischen Stickstoff in Ammonium um, das die Pflanze direkt nutzen kann. Im Gegenzug erhalten die Bakterien Zucker und Nährstoffe – ein klassisches Win-win-Modell der Natur.
In der Landwirtschaft sind Leguminosen wahre Bodenverbesserer: Sie lockern mit

ihren Wurzeln das Erdreich, erhöhen die Wasserspeicherfähigkeit und fördern die Bodenstruktur. Besonders bei der Gründüngung – also dem gezielten Anbau von Pflanzen zur Bodenverbesserung – spielen sie eine wichtige Rolle. Nach der Ernte werden sie in den Boden eingearbeitet und geben ihren gespeicherten Stickstoff frei. Durch die Anreicherung des Bodens mit Nährstoffen profitieren auch nachfolgende Pflanzen. Deshalb werden Leguminosen häufig als Zwischenfrucht eingesetzt – besonders im Bio-Landbau, wo auf synthetische Dünger verzichtet wird.
Leguminosen wachsen schnell und dicht, wodurch sie Unkräuter ganz natürlich verdrängen. Ihre Blätter nehmen den Beikräutern das Licht und den Platz, was die Konkurrenz für Kulturpflanzen reduziert. So helfen sie ganz nebenbei auch bei der natürlichen Unkrautregulierung. Durch ihre Fähigkeit zur Stickstofffixierung machen Leguminosen chemische Düngemittel oft überflüssig. Ihre tiefen Wurzeln lockern den Boden und fördern die Luft- und Wasserzirkulation – das wiederum verbessert langfristig die Erträge. Diese nachhaltige Wirkung ist besonders in Zeiten von Klimawandel und Bodenerschöpfung Gold wert.
Auch kulinarisch sind Leguminosen echte Stars: Linsen, Bohnen, Erbsen und Co. liefern hochwertiges pflanzliches Eiweiß und Ballaststoffe. Sie sind nicht nur gesund, sondern auch eine umweltfreundliche Alternative zu tierischem Eiweiß. Besonders Soja spielt eine große Rolle in der vegetarischen und veganen Ernährung – ob als Tofu, Milchalternative oder Fleischersatz.
Fazit: Leguminosen sind wahre Helden der Natur. Sie verbessern Böden, helfen beim Anbau, unterdrücken Unkraut, sparen Dünger – und bereichern auch noch unseren Speiseplan. Echte Multitalente, die ihren Spitznamen als „grüne Robin Hoods" mehr als verdient haben.

Achtung

Diese Kleearten sollten nicht in riesigen Mengen und über längere Zeiträume eingenommen werden. Insbesondere schwangere oder stillende Frauen sowie Personen mit hormonempfindlichen Erkrankungen (z. B. Brustkrebs oder Gebärmuttererkrankungen) sollten diese Pflanzen zeitweise meiden. Auch bei der Einnahme in Form von Tinkturen sollte eine zu hohe Dosierung vermieden werden, da eine hohe Konzentration von Phytoöstrogenen zu unerwünschten Effekten führen könnte.

1
3
2

Hornklee • Hopfenklee • Wundklee

Lotus corniculatus
Medicago lupulina
Anthyllis vulneraria

Hornklee, Hopfenklee und Wundklee stammen alle aus der Familie der Hülsenfrüchtler (Fabaceae). Der Familienname erklärt sich fast von selbst: Die Früchte, die diese Pflanzen hervorbringen, sind alle in Hülsen zu finden. Am bekanntesten sind hier wahrscheinlich die Bohnen, die viele selber im Garten anbauen. Auf Horn-, Hopfen- und Wundklee trifft man etwas seltener als auf andere Kleearten – aber sie sind mindestens genauso spannend. Denn hinter den kleinen gelben Blüten steckt mehr als nur eine Futterpflanze.

1. Hornklee
2. Hopfenklee
3. Wundklee

Erkennungsmerkmale

Blätter

Hornklee

- fünf Teilblättchen: zwei sitzen wie kleine Öhrchen an der Basis der Blüte (Nebenblätter), die anderen stehen weiter oben
- eher oval bis länglich, ganzrandig und manchmal leicht behaart

Hopfenklee

- klassisches dreiteiliges Kleeblatt
- die einzelnen Fiederblättchen eiförmig bis rundlich, am Rand oft fein gesägt
- zierlicher und zarter als beim Hornklee, manchmal leicht glänzend
- Mittelrippe oft deutlich erkennbar, Blättchen sitzen dicht gedrängt an Trieben

Wundklee

- gefiedert, aus mehreren paarweise angeordneten Teilblättchen mit einem einzelnen Endblättchen
- meist graugrün, oft weich behaart und leicht samtig
- erinnern an Mini-Farnwedel

Blüten

Hornklee

- meist leuchtend gelbe Blüten, manchmal zu Orange- oder Rotton neigend
- in lockeren Trauben zwischen Gräsern

Hopfenklee

- hat die kleinsten Blüten der drei
- kompakte, gelbe Blütenköpfchen erinnern an Mini-Hopfenzapfen, daher der Name

Wundklee

- gelbe Einzelblüten, dicht gedrängt in kugeligen Köpfchen
- weißlicher Blütenkelch, heller Gesamteindruck

Wuchsform

Hornklee

- eher aufrecht und niedrig
- meist zwischen 15 und 30 cm hoch
- bildet dichte Bestände

Hopfenklee

- erobert mit Ausläufern ganze Flächen
- Triebe liegen meist am Boden oder klettern sanft empor

Wundklee

- buschige, mehrjährige Pflanze
- mit 20–40 cm Höhe gehört er zu den aufrechteren Kleearten

Volks- und Naturheilkunde

Auf den ersten Blick wirken sie unscheinbar: kleine, gelb blühende Pflanzen am Wegesrand, im Gras verborgen oder zwischen wilden Kräutern wachsend. Doch wer sich mit der Naturheilkunde beschäftigt, weiß, dass gerade die „leisen“ Vertreter der Pflanzenwelt oft erstaunliche Heilkräfte bergen.

Hornklee

Hopfenklee

Wundklee

Wundklee

Der Wundklee trägt seine Wirkung schon im Namen: „vulneraria“ stammt vom lateinischen „vulnus“ (die Wunde). In der Volksmedizin galt er als pflanzliches Wundheilmittel, das innerlich wie äußerlich zur Anwendung kam. Die auffälligen gelb-weißen Blütenköpfe enthalten eine ganze Reihe heilaktiver Inhaltsstoffe, allen voran Gerbstoffe, Saponine, Flavonoide und Schleimstoffe. Diese Kombination macht ihn zu einem idealen Helfer bei entzündlichen Hautproblemen, kleinen Verletzungen, Insektenstichen und sogar leichten Verbrennungen. Innerlich wurde Wundklee als sanft entzündungshemmendes und schleimlösendes Mittel verwendet, etwa bei Husten, Bronchitis oder Magenbeschwerden. Seine Wirkung ist mild, deshalb schätzte man ihn auch für Kinder und empfindliche Menschen. In Form von Tees, Waschungen oder Umschlägen wurde er traditionell zur Beruhigung gereizter Haut eingesetzt. Auch Zahnfleischentzündungen oder Aphthen spülte man mit einem Aufguss aus den Blüten.

Hornklee

Hornklee enthält Gerbstoffe, Flavonoide und in geringer Menge Cumarine, die beruhigend auf das Nervensystem wirken. In alten Kräuterbüchern wurde Hornklee gelegentlich als mildes Beruhigungsmittel erwähnt, vor allem bei Nervosität oder Schlaflosigkeit. Auch bei krampfartigen Beschwerden im Magen-Darm-Bereich kam er zum Einsatz. Seine eigentliche Stärke liegt jedoch im ökologischen Bereich: Hornklee ist eine hervorragende Futterpflanze und besonders beliebt bei Wildbienen, Hummeln und Schmetterlingen. Er wird zur Bodenverbesserung und Gründüngung eingesetzt, da er über Knöllchenbakterien Stickstoff bindet und so den Boden aufwertet. In der Küche kannst du die jungen Blätter und Blüten roh verwenden – als essbare Dekoration oder im Wildkräutersalat.

Hopfenklee

Seine kleinen, gelben Blütenköpfchen enthalten Flavonoide, Saponine und ebenfalls Gerbstoffe, wenn auch in geringerer Konzentration als beim Wundklee. Seine Wirkung ist insgesamt zurückhaltend – man schätzte ihn früher als reinigendes Kraut im Frühjahr, ähnlich wie andere Kleesorten. In der Tierheilkunde wurde Hopfenklee als Futterpflanze verwendet, um die Verdauung zu unterstützen. Auch bei Blähungen und leichten Magenbeschwerden wurde er gelegentlich Teemischungen hinzugefügt – vor allem, weil er mild und gut verträglich ist. Wie seine Verwandten ist auch Hopfenklee ein Stickstoffsammler. Er verbessert die Bodenqualität, fördert die Humusbildung und bietet vielen Insekten Nahrung – besonders in artenarmen Flächen ein wertvoller Beitrag zur Biodiversität.

Klugscheißerwissen

Der Schmetterling als Blüte

Vor nicht allzu langer Zeit nannte man die Familie der Hülsenfrüchtler auch „Schmetterlingsblütler“, da die Form der einzelnen

Blüten an einen Schmetterling erinnert. Mittlerweile wird die Bezeichnung „Hülsenfrüchtler“ für die Pflanzenfamilie verwendet und unter „Schmetterlingsblütlern“ versteht man eine Unterfamilie. Die Blüte eines Schmetterlingsblütlers ist wirklich clever aufgebaut und dient der optimalen Bestäubung. Eine Schmetterlingsblüte besteht in der Regel aus fünf verschiedenen Teilen, die wie folgt angeordnet sind:

1. Fahne (Vexillum)
Dieser fahnenähnliche Teil dient dazu, Bestäuber wie Bienen oder Schmetterlinge anzulocken. Er schützt die inneren Teile der Blüte und hilft, den Zugang für die Bestäuber zu steuern.

2. Flügel (Alae)
Das sind zwei Blütenblätter, die seitlich der Fahne liegen. Sie unterstützen die Stabilität der Blüte, indem sie die Fahne umrahmen und eine Öffnung für den Bestäuber schaffen.

3. Lippe (Carina)
Die unteren beiden Blütenblätter sind miteinander verwachsen und bilden eine Art Lippe oder Boot. Diese Form eignet sich oft dazu, den Bestäuber „aufzufangen“, der dann beim Besuch der Blüte Pollen und Nektar sammeln kann.

4. Staubblätter (Androeceum)
Es gibt in der Regel zehn Staubblätter, die in zwei Gruppen angeordnet sind. Bei vielen Schmetterlingsblütlern sind die Staubblätter miteinander verwachsen und bilden eine Röhre, die den Bestäuber beim Eintritt in die Blüte „berührt“ und so den Pollen freigibt.

5. Fruchtknoten (Gynoecium)
Im Inneren der Blüte befindet sich der Fruchtknoten, der die Samenanlagen enthält. Er liegt meistens unterhalb der Staubblätter und bildet später die Hülsenfrucht, die charakteristisch für Schmetterlingsblütler ist.

Achtung

Schwangere und Stillende sollten diese Kräuter nicht verwenden.

1
2

Meisterwurz • Wiesen-Bärenklau

Peucedanum ostruthium
Heracleum sphondylium

Meisterwurz und Wiesen-Bärenklau sind zwei Pflanzen aus der Familie der Doldenblütler (Apiaceae). Auf den ersten Blick haben sie einiges gemeinsam: weiße Doldenblüten, ein stattliches Auftreten und eine gewisse Wildkräuteraura. Doch während die eine Pflanze als fast schon mystische Alpinheilpflanze gilt, kennt man die andere eher als robusten Wiesengenossen mit Bärenkräften. Sind die Blätter noch recht klein, ist die Verwechslungsgefahr groß.

1. Meisterwurz
2. Wiesen-Bärenklau

Erkennungsmerkmale

Blätter

Meisterwurz

- klein und fein
- dreifach gefiedert, hellgrün glänzend, zu dritt an einem Stängel
- graziler und geordneter als das wuchtige Laub des Bärenklaus

Wiesen-Bärenklau

- sehr groß, grob gefiedert bis tief gelappt
- Form erinnert an die Tatze eines Bären
- eher mattgrün, wirkt derb, manchmal mit behaarter Unterseite
- Blattstiele hohl und nicht gerieft

Blüten

Meisterwurz

- weiß
- Dolden eher tellerförmig, rund und dichter in der Erscheinung
- Blüten wirken geordneter als beim Wiesen-Bärenklau

Wiesen-Bärenklau

- ebenfalls weiß, manchmal leicht rosa
- in flachen Dolden angeordnet
- wirken recht weit und locker, teilweise etwas asymmetrisch

Stängel

Meisterwurz

- unverzweigt, gerillt und nicht hohl
- wirkt fest, stabil und leicht glänzend, häufig mit rötlichen Stellen an der Basis
- Pflanze eher gedrungen und kompakt

Wiesen-Bärenklau

- hohl, leicht behaart und oft leicht gerötet oder gefleckt
- kann sich im oberen Bereich verzweigen

Wuchsform

Meisterwurz

- bleibt mit 30–60 cm Höhe deutlich kleiner
- wächst vor allem in alpinen Regionen,

bevorzugt feuchte, kalkhaltige Standorte
- bleibt eher bodennah und gedrungen

Wiesen-Bärenklau
- erreicht oft Höhen von 1–2 m und dominiert optisch gerne Wiesen und Wegränder

Geruch

Meisterwurz
- riecht von der Wurzel ausgehend aromatisch, würzig und leicht

Wiesen-Bärenklau
- riecht deutlich schwächer, teilweise herbsüßlich
- Blätter riechen eher neutral bis leicht muffig

Meisterwurz

Wiesen-Bärenklau

Volks- und Naturheilkunde

Die Meisterwurz war in den Alpen einst hochgeschätzt, da sie sogar gegen „böse Einflüsse" schützen sollte. In der Klostermedizin galt sie als Allheilmittel – innerlich wie äußerlich. Der Wiesen-Bärenklau wurde bodenständiger genutzt: als schleimlösendes Hustenmittel, bei Hautproblemen und als Wildgemüse.

Meisterwurz

Besonders geschätzt wird die Meisterwurz wegen ihrer heilenden Wirkung auf das Verdauungssystem, ihrer entzündungshemmenden Eigenschaften sowie ihrer Bedeutung in der traditionellen Behandlung von Erkältungskrankheiten. Heute wird sie in der Naturheilkunde im Magen-Darm-Bereich bei Blähungen, Völlegefühl und leichten Magenbeschwerden besonders gern eingesetzt. Die Pflanze hat ebenfalls eine positive Wirkung auf die Atemwege. So wird sie traditionell bei Erkältungen, Husten und Bronchitis genutzt, um den Schleim zu lösen und die Bronchien zu beruhigen. Sie besitzt auch eine schmerzlindernde Wirkung und wird äußerlich in Form von Tinkturen oder Salben bei Muskelverspannungen und rheumatischen Beschwerden angewendet. Sie kann innerlich als Tee oder Tinktur eingenommen werden, für äußerliche Anwendungen, etwa bei rheumatischen Beschwerden, wird eine Salbe oder eine Kompresse aus der Pflanze verwendet. Nicht zu vergessen ist ihr Einsatz in Räuchermischungen. Bei dieser Verwendung wird ihr eine reinigende und stärkende Wirkung zugeschrieben.

Wiesen-Bärenklau

Der Wiesen-Bärenklau enthält ätherische Öle, Furocumarine, Flavonoide und Gerbstoffe, die antibakteriell, schleimlösend und verdauungsfördernd wirken. Ein Tee aus den Wurzeln hilft bei Magen-Darm-Beschwerden und regt die Gallenproduktion an. Ebenso wirkt ein Tee aus Wurzeln und Samen schleimlösend und wurde bei Husten und Bronchitis verwendet. Der frische Pflanzensaft enthält Furocumarine, die die Haut empfindlich gegenüber Sonnenlicht machen und zu Hautreizungen führen können. Daher sollte man die Pflanze nur mit Handschuhen ernten und direkten Hautkontakt vermeiden.

Klugscheißerwissen

Meisterwurz, der Alpenginseng

In den Alpen wurde die Meisterwurz wegen ihrer kraftvollen Heilwirkungen auch als „Alpenginseng" bezeichnet und geschätzt. Dementsprechend wird sie auch heute häufig noch als natürliche Kraftquelle und Stärkungsmittel angesehen. Ihre beruhigenden und heilenden Eigenschaften machten sie zu einem wichtigen Bestandteil der Hausapotheke in den abgelegensten Berghütten. Doch leider ist sie heute weit weniger bekannt als damals.

Furocumarine – von der Wiese zur Wunde

Furocumarine sind sekundäre Pflanzenstoffe, die vor allem in Doldenblütlern wie dem Wiesen-Bärenklau (Heracleum sphondylium) und dem Riesen-Bärenklau (Heracleum mantegazzianum) vorkommen. Sie schützen die Pflanze vor Fressfeinden und Mikroorganismen. Sie wirken fototoxisch, machen die Haut also empfindlich gegenüber UVA-Strahlen. Gelangt Pflanzensaft auf die Haut und wird die entsprechende Stelle dem Sonnenlicht ausgesetzt, kann das eine sogenannte Phytophotodermatitis auslösen: Gereizte Haut, Brennen, Blasenbildung und hartnäckige Pigmentflecken sind mögliche Folgen.
Der Wiesen-Bärenklau enthält zwar weniger Furocumarine als der Riesen-Bärenklau, kann aber dennoch bei Hautkontakt und Sonnenlicht zu Reizungen führen – besonders, wenn man barfuß unterwegs ist oder ihn ohne Schutz erntet. Vermeide daher den Hautkontakt mit Pflanzensaft oder wasche ihn sofort mit Wasser und Seife ab und trage lange Kleidung beim Durchqueren hoher Wiesen. Meide nach Kontakt mit dem Pflanzensaft die Sonne für 48 Stunden.

Achtung

Beim Sammeln von Meisterwurz und Wiesen-Bärenklau solltest du grundsätzlich äußerst vorsichtig sein, da bei den Doldenblütlern einige weitere sehr giftige Familienmitglieder zu finden sind, etwa der Gefleckte Schierling und die Hundspetersilie. Schwangere sollten größte Vorsicht walten lassen.

Der Riesen-Bärenklau, eine invasive Pflanze aus dem Kaukasus, ist besonders gefährlich. Schon geringster Hautkontakt plus Sonnenlicht kann schwere Verbrennungen auslösen. Er wird bis zu 5 m hoch, hat große und spitzere Blätter als der Wiesen-Bärenklau und einen dicken, rötlich gesprenkelten Stängel mit Borstenhaaren. Im Vergleich dazu ist der Wiesen-Bärenklau kleiner (bis 1,5 m) und hat einen weich behaarten, grünen Stängel.

1
2

Beifuß • Wermut

Artemisia vulgaris
Artemisia absinthium

Beifuß und Wermut gehören zur Familie der Korbblütler (Asteraceae) und sind eng miteinander verwandt. Beide sind Vertreterinnen der Gattung Artemisia, sie teilen viele botanische Merkmale und besitzen ähnliche heilende Eigenschaften. Sie haben eine lange Tradition in der Kräutermedizin und in der Herstellung von alkoholischen Getränken.

Eselsbrücke

Wermut beginnt mit dem Buchstaben W wie weiß (silbrig). Die Blätter des Wermuts sind also silbrig. Beim Beifuß sind die Blätter bloß auf der Blattunterseite silbrig, also „beim Fuß“ unten.

1 Beifuß

2 Wermut

Erkennungsmerkmale

Blätter

Beifuß

- größer als die des Wermuts
- dunkelgrün auf der Oberseite, mit leicht silbriger, behaarter Unterseite
- breit gefiedert

Wermut

- kleinere Blätter, grau-grün bzw. silbrig und sehr behaart
- stark gefiedert, feiner und filziger als beim Beifuß

Blüten

Beifuß

- relativ klein, rötlich-gelb
- dichte, ährenartige Blütenstände
- der einzelne Blütenkorb ist länglich

Wermut

- gelb
- lockere, rispenartige Blütenstände, die ausgeprägter sind als beim Beifuß
- Blütenkorb wirkt kugelig

Stängel

Beifuß

- meist grünlich bis bräunlich
- an sonnigen Standorten oft rötlich schimmernd
- nur leicht behaart oder kahl, gelegentlich mit feinen Längsriefen
- zäh und biegsam, kann im unteren Bereich mit zunehmendem Alter etwas verholzen

Wermut

- durchgehend dicht behaart, wirkt grau-grün bis silbrig
- filzige, beinahe samtige Oberfläche, Struktur robuster und steifer
- silbrige Behaarung zum Schutz vor Verdunstung

Volks- und Naturheilkunde

Beide Pflanzen sind für ihre vielseitige Wirkung bekannt und wurden historisch als Heilmittel bei verschiedenen Beschwerden eingesetzt. Besonders geschätzt ist die Wirkung auf den Verdauungstrakt.

Beifuß

Die wichtigsten Inhaltsstoffe von Beifuß sind ätherische Öle, Flavonoide, Bitterstoffe, Gerbstoffe und Triterpene. Die Bitterstoffe und ätherischen Öle fördern die Produktion von verdauungsfördernden Magensäften, was Beifuß besonders bei Blähungen, Völlegefühl und Appetitlosigkeit zu einem geschätzten Mittel macht. Er hat auch eine beruhigende Wirkung auf den Magen-Darm-Trakt und hilft bei Krämpfen, die etwa bei Reizdarm oder Menstruationsbeschwerden auftreten können. In der traditionellen Frauenheilkunde wird Beifuß auch zur Unterstützung des hormonellen Gleichgewichts eingesetzt. Beifuß kann die Menstruation anregen und bei unregelmäßigen Zyklen helfen. Er wird in verschiedenen Formen

Beifuß

Wermut

verwendet, von Tees bis hin zu Tinkturen und ätherischen Ölen. Beliebt ist er auch als Badezusatz oder als Gewürz von Fleischgerichten.

Wermut

Vielen eher bekannt als Bestandteil von Absinth, hat auch Wermut eine Vielzahl von gesundheitsfördernden Eigenschaften. Zu den wichtigsten Inhaltsstoffen zählen ätherische Öle (wie Thujon), Bitterstoffe und Flavonoide, die eine breite Wirkung entfalten. Ähnlich wie Beifuß ist auch Wermut in der Heilpflanzenmedizin ein bekanntes Mittel zur Förderung der Verdauung. Die Bitterstoffe regen die Magensaftproduktion an und helfen bei Verdauungsstörungen wie Völlegefühl, Blähungen und Appetitlosigkeit. Wermut hat eine entspannende Wirkung und kann Krämpfe im Magen-Darm-Trakt und insbesondere während der Menstruation lindern. Die antimikrobiellen Eigenschaften von Wermut machen ihn zu einem nützlichen Mittel bei Magen-Darm-Infektionen und zur Unterstützung der Heilung von Wunden und Hauterkrankungen. Die Volksheilkunde sieht im Wermut auch einen Helfer bei nervöser Erschöpfung und bei der Bekämpfung von Depressionen. Wermut kann in verschiedenen Formen verwendet werden, zum Beispiel als Tee, Tinktur, Badezusatz und für Umschläge.

Klugscheißerwissen

Bitter, aber gesundheitsfördernd!

Viele Pflanzen der Gattung Artemisia – so auch Beifuß und Wermut – sind reich an Bitterstoffen. Diese chemischen Verbindungen sind in der Regel nicht nur für den bitteren Geschmack verantwortlich, sondern haben auch viele gesundheitsfördernde Eigenschaften, die insbesondere das Verdauungssystem unterstützen.
Der Bitterwert ist eine Maßeinheit, die die Intensität des bitteren Geschmacks einer Substanz beschreibt. Dabei wird der Bitterwert in „Bittereinheiten" (BE) gemessen, die angeben, wie viele Milliliter einer bestimmten Lösung notwendig sind, um den bitteren Geschmack wahrzunehmen.
Der menschliche Geschmackssinn ist relativ empfindlich gegenüber bitteren Stoffen. Aus gutem Grund: Der bittere Geschmack kann auf giftige oder schädliche Substanzen in Lebensmitteln hinweisen. Dennoch sind Bitterstoffe in moderaten Mengen gesundheitsfördernd. Einige Pflanzen wie Wermut (BE 10–25.000) und Enzian (BE 10–25.000) haben sehr hohe Bitterwerte, während er etwa bei Löwenzahn (BE 100) und Kaffeebohnen (BE 10) eher moderat ausfällt.
Warum bilden Pflanzen überhaupt Bitterstoffe? Sie schützen sich so vor Fressfeinden, da sie als ungenießbar oder sogar als giftig wahrgenommen werden. Generell helfen Bitterstoffe dabei, Verdauungsprobleme zu

behandeln, die Leberfunktion zu unterstützen und den Appetit zu steigern. Apropos Appetitsteigerung: Bittere Aperitifs vor dem Essen sollen die Verdauung anregen. Sie werden auch gerne in der Rekonvaleszenzphase nach Krankheiten eingesetzt.

Achtung

Bei übermäßiger Anwendung kann Beifuß eine toxische Wirkung haben. Auch Wermut solltest du nur in moderaten Mengen anwenden, da hohe Dosen (insbesondere aufgrund des Inhaltsstoffes Thujon) toxisch wirken können. Schwangere Frauen sollten beide Kräuter meiden, da sie in großen Mengen die Wehentätigkeit anzuregen vermögen.

3
1
2

Kanadische Goldrute • Echte Goldrute • Gewöhnliches Greiskraut

Solidago canadensis
Solidago virgaurea
Senecio vulgaris

Die Kanadische Goldrute, die Echte Goldrute und das Gewöhnliche Greiskraut gehören zwar alle zur Familie der Korbblütler (Asteraceae), unterscheiden sich in ihrer Wirkung aber deutlich. Während die Kanadische und die Echte Goldrute für ihre Heilwirkung geschätzt werden, gilt das Greiskraut als gesundheitsschädlich.

1. Kanadische Goldrute
2. Echte Goldrute
3. Gewöhnliches Greiskraut

Erkennungsmerkmale

Blätter

Kanadische Goldrute

- länglich, schmal, leicht gezähnter Rand
- in der Regel glatt oder fein behaart
- wechselständig
- Blattstiel kurz bis mittellang

Echte Goldrute

- länglich und leicht gezähnt
- glänzendere Oberfläche
- wechselständig, bis zu 10 cm lang, Blattstiel kürzer als bei der Kanadischen Goldrute

Gewöhnliches Greiskraut

- wechselständig, oft fiederteilig bis tief gezähnt
- untere Blätter gestielt und größer, die oberen kleiner
- Blattoberfläche mattgrün, Unterseite behaart
- Laub wirkt zergliedert und strukturiert

Blüten

Kanadische Goldrute

- leuchtend gelb mit großen, dichten, verzweigten Rispen
- Einzelblüten klein und eng angeordnet
- Blütezeit von Juli bis Oktober

Echte Goldrute

- gelb
- eher in aufrechten, schmalen Trauben angeordnet
- Blütezeit von Juni bis September
- kleinere Blüten als die Kanadische Goldrute

Gewöhnliches Greiskraut

- gelb, aber anders aufgebaut
- Kombination aus Zungen- und Röhrenblüten, wobei die Zungenblüten meist sehr schmal und unscheinbar sind oder sogar ganz fehlen
- Blütenköpfchen in lockeren, oft schirmrispigen Gesamtblütenständen angeordnet
- Blütezeit von Mai bis in den Spätsommer, teils sogar bis in den Herbst

Volks- und Naturheilkunde

Beide Goldruten haben ihre Wurzeln tief in der Heilpflanzen-Tradition und werden aufgrund ihrer heilenden Eigenschaften bei einer Vielzahl von Beschwerden eingesetzt. Insbesondere zur Unterstützung des Harnsystems, zur Linderung von Entzündungen und zur allgemeinen Stärkung des Immunsystems finden sie Anwendung.

Kanadische Goldrute

Besonders bekannt ist sie in der Behandlung von Harnwegsinfektionen und Blasenentzündungen. Ihre harntreibende Wirkung erhöht den Urinfluss, wodurch Bakterien und Abfallstoffe aus den Harnwegen ausgespült werden. Ätherische Öle und Flavonoide wirken antibakteriell und werden dabei von Saponinen und weiteren Flavonoiden unterstützt. Diese haben zusätzlich eine entzündungshemmende Wirkung und lindern Schwellungen sowie Schmerzen. Auch zur Unterstützung der Nierenfunktion wird die Pflanze eingesetzt: Sie fördert die Nierendurchblutung und hilft, überschüssiges Wasser und Toxine auszuscheiden. Traditionell nutzt man sie bei Niereninsuffizienz oder

Kanadische Goldrute

Echte Goldrute

Gewöhnliches Greiskraut

zur Nachsorge bei Nierenerkrankungen. Die entzündungshemmenden Eigenschaften der Goldrute sind auch bei rheumatischen Erkrankungen geschätzt.

Echte Goldrute

Wie die Kanadische Goldrute wird auch die Echte Goldrute zur Behandlung von Harnwegsinfektionen wie Blasen- oder Nierenentzündung eingesetzt. Ihre harntreibende Wirkung hilft dabei, die Blase zu reinigen, und kann die Heilung beschleunigen. Die Entwässerung kommt auch der Behandlung von Ödemen zugute. In der Volksmedizin wird die Echte Goldrute bei Magen-Darm-Beschwerden eingesetzt. Sie lindert Blähungen, Krämpfe, Verdauungsstörungen sowie Durchfall und Reizdarmbeschwerden. Ihre entzündungshemmenden Eigenschaften helfen, Schwellungen und Schmerzen zu lindern. Die enthaltenen Flavonoide, Saponine und Tannine wirken entzündungshemmend und schmerzlindernd, besonders bei rheumatischen Beschwerden, Gelenkschmerzen und Arthritis, und mildern Schwellungen. Bitterstoffe und ätherische Öle verleihen ihr zusätzliche krampflösende Eigenschaften. Die getrockneten Blätter, aber vor allem die Blüten der Goldruten können verwendet werden, um einen Tee zuzubereiten. Auch Tinkturen können hergestellt werden, die in kleinen Dosen eingenommen werden.

Gewöhnliches Greiskraut

Das Gewöhnliche Greiskraut ist stark giftig, insbesondere für Tiere wie Pferde und Rinder und in größeren Mengen auch für Menschen. Es enthält Pyrrolizidinalkaloide, die zu Leberschäden führen können.

Klugscheißerwissen

Grüne Eindringlinge – wenn Pflanzen lästig werden

Die Kanadische Goldrute ist nicht nur eine auffällige Pflanze mit heilenden Eigenschaften, sondern auch ein typisches Beispiel für invasive Arten und deren Auswirkungen auf die heimische Flora.
Was bedeutet „invasiv"? Eine invasive Pflanze wurde außerhalb ihres natürlichen Verbreitungsgebiets eingeführt und breitet sich dort schnell aus. Sie ist oft sehr anpassungsfähig, hat keine natürlichen Feinde und kann einheimische Pflanzen verdrängen. Invasive Arten wie die Kanadische Goldrute verändern Ökosysteme, indem sie anderen Pflanzen Ressourcen wie Licht, Wasser und Nährstoffe wegnehmen. So werden einheimische Pflanzenarten oft zurückgedrängt oder sogar ganz eliminieren.
Neophyten sind Pflanzen, die nach 1492 in neue Regionen gelangten – dem bestimmenden Datum der europäischen Expansion. Die Kanadische Goldrute stammt ursprünglich aus Nordamerika. Neophyten können je nach Einfluss nützlich oder schädlich für das neue Ökosystem sein. Oft verringern sie aber die Biodiversität durch Verdrängung heimischer Pflanzen. Die Kontrolle invasiver Pflanzen wie der Kanadischen Goldrute ist schwierig und erfordert langfristige Maßnahmen. Regelmäßiges Mähen oder Schneiden kann die Samenproduktion verringern.

Auch Ausgraben hilft, besonders auf kleineren Flächen. Herbizide können eingesetzt werden, sollten aber wegen möglicher Umweltschäden mit Vorsicht zur Anwendung kommen. Langfristig helfen widerstandsfähige einheimische Pflanzen, Pflanzen wie die Kanadische Goldrute zu verdrängen.

Die Kanadische Goldrute – nur ein Übeltäter?

Die Kanadische Goldrute wächst robust und passt sich verschiedenen Lebensräumen an, besonders an sonnigen und gestörten Standorten. Dort bildet sie dichte Bestände, die das Wachstum anderer Pflanzen stark behindern. Solche Monokulturen reduzieren die Artenvielfalt und verändern die Struktur des Ökosystems. Ihre große Samenproduktion verstärkt ihre Verbreitung und Konkurrenzfähigkeit.
Trotz ihrer negativen Eigenschaften bietet die Pflanze Bestäubern, vor allem Bienen, einen späten Nahrungsanreiz. Ihre Blütezeit reicht oft bis in den Herbst, wenn andere Blumen bereits verblüht sind. Mit ihren leuchtend gelben Blüten liefert sie reichlich Nektar und zieht Honigbienen, Wildbienen und Schmetterlinge an. Das macht sie zu einer wichtigen Ressource für Insekten in einer ansonsten kargen Jahreszeit. Durch die Reduzierung der Pflanzenvielfalt nimmt jedoch auch die Vielfalt der Nahrungsquellen für Bestäuber ab. In Regionen, wo die Kanadische Goldrute stark verbreitet ist, könnte das langfristig negative Folgen für Bienen und andere Insekten haben.

Achtung

Trotz der Vorteile der Goldruten solltest du beide Pflanzen nicht ohne ärztliche Rücksprache über längere Zeiträume oder in hohen Dosen einnehmen, da es zu Nebenwirkungen oder Wechselwirkungen mit anderen Medikamenten kommen kann. Vor allem wenn Nierenprobleme schon ein Thema sind, solltest du vor der Anwendung unbedingt ärztlichen Rat einholen.

2
1

Kriechender Günsel • Kleine Braunelle

Ajuga reptans
Prunella vulgaris

Der Kriechende Günsel und die Kleine Braunelle stammen beide aus der Familie der Lippenblütler. Auch zwischen ihnen sind die Unterschiede sehr subtil, genaues Hinschauen lohnt sich.

1. Kriechender Günsel
2. Kleine Braunelle

Erkennungsmerkmale

Blätter

Kriechender Günsel

- meist oval bis verkehrt eiförmig
- Blattkante glatt oder leicht gekerbt
- glänzend, oft leicht purpurn angehaucht
- Blattoberfläche weich, etwas ledrig
- Stiel kurz bis kaum vorhanden
- Blätter flach auf dem Boden, bilden durch Ausläufer dichte Teppiche

Kleine Braunelle

- meist grün und klein
- schmal und gegenständig
- meist lanzettlich bis elliptisch
- deutlich gezähnt
- Blattspreite mattgrün
- Oberfläche eher dünn und nicht so glänzend wie beim Günsel
- obere Blätter an Blütenständen kleiner und direkt am Stängel sitzend
- untere Blätter oft gestielt

Blüten

Kriechender Günsel

- Blütezeit von April bis Juni
- aufrechter, dichter, kolbenartiger Blütenstand
- kleine und röhrenförmige Einzelblüten
- blau, aber auch lila oder weiß
- Einzelblüte zeigt kurze Ober- und Unterlippe
- Blüten oft schmaler als bei der Braunelle

Kleine Braunelle

- Blütezeit meist von Juni bis September
- aufrecht, aber länger und weniger kompakt als beim Günsel
- Anordnung in dichten, zylindrischen Köpfen
- typischerweise violett, auch weiße Varianten möglich
- größere und längere Blüten als die des Günsels
- deutlich ausgeprägte Oberlippe

Wuchsform

Kriechender Günsel

- ausdauernde, krautige Pflanze, 15–30 cm hoch
- Bodendecker, bildet schnell dichte Bestände
- verbreitet sich über Ausläufer (Stolonen), besiedelt auch schwierige Standorte schnell

Kleine Braunelle

- ausdauernde Pflanze
- 10–30 cm hoch, bildet keine dichten Bestände
- Stängel aufrecht und etwas kantig
- verbreitet sich hauptsächlich durch unterirdische Ausläufer
- locker aufrechter bis niederliegender Wuchs

Kriechender Günsel

Kleine Braunelle

Volks- und Naturheilkunde

Kriechender Günsel

Der Kriechende Günsel, auch als Gemeiner Günsel bekannt, wird in der Naturheilkunde vor allem für seine entzündungshemmenden und krampflösenden Eigenschaften geschätzt. In der traditionellen Volksmedizin wird er häufig zur Behandlung von Hautkrankheiten wie Ekzemen und Akne, aber auch bei Wunden und Hautverletzungen verwendet. Günsel enthält vor allem Flavonoide, Triterpene und Bitterstoffe. Diese Stoffe sind verantwortlich für seine entzündungshemmenden, antibakteriellen und antioxidativen Eigenschaften. Die Flavonoide unterstützen das Immunsystem und haben eine antioxidative Wirkung, die den Körper vor freien Radikalen schützt. Darüber hinaus enthält der Günsel auch Gerbstoffe, die bewirken, dass sich die Schleimhäute zusammenziehen. Die Gerbstoffe sind auch bei der Behandlung von Magen-Darm-Beschwerden hilfreich. Am häufigsten wird ein Aufguss oder eine Salbe aus den Blättern und Blüten des Günsels zubereitet. Auch als Tee kann er bei Magen-Darm-Beschwerden wie Durchfall und Verdauungsstörungen helfen.

Kleine Braunelle

Die Kleine Braunelle, auch als Heilziest bekannt, ist in der Volksmedizin eine vielseitige Heilpflanze. Sie wird zur Behandlung von Erkältungen, Husten, Entzündungen im Mund- und Rachenbereich sowie bei Magen-Darm-Beschwerden eingesetzt. Die Braunelle findet auch Anwendung bei Fieber, Hautproblemen und Wunden. Sie enthält eine Vielzahl von bioaktiven Verbindungen, darunter Triterpene, Flavonoide, ätherische Öle, Gerbstoffe und Saponine. Diese Inhaltsstoffe sind verantwortlich für die entzündungshemmenden, antibakteriellen und antiviralen Effekte der Pflanze. Flavonoide und Triterpene wirken antioxidativ und tragen zur Stärkung des Immunsystems bei, während Saponine eine schleimlösende Wirkung haben und bei Atemwegserkrankungen hilfreich sind. Eine besonders beliebte Anwendung ist die Zubereitung von Tee aus den getrockneten Blättern und Blüten der Pflanze. Der Tee wird vor allem bei Entzündungen des Mundraums oder der oberen Atemwege getrunken, aber auch äußerlich als Kompresse zur Behandlung von Hautirritationen aufgelegt.

Klugscheißerwissen

Mal duftend, mal quirlig – die Lippenblütler

Lippenblütler (Lamiaceae) gehören zu einer der artenreichsten Pflanzenfamilien der Welt und umfassen viele bekannte Kräuter, Sträucher und sogar einige Bäume. Die Familie umfasst rund 250 Gattungen und über 7.000 Arten.
Sie sind in nahezu allen Klimazonen der Erde verbreitet, von tropischen Regenwäldern bis zu trockenen Steppen. Lippenblütler kannst

du an einer Reihe typischer Merkmale identifizieren:
Ihre Blüte besteht aus zwei charakteristischen „Lippen". Die obere Lippe ist meist kleiner und bildet eine Art Deckel, während die untere Lippe größer ist und oft auffälliger erscheint. Die Blüten sind zygomorph, was bedeutet, dass sie nur eine Symmetrieachse haben. Diese Form hat sich mit der Bestäubung durch Insekten entwickelt.
In der Regel gibt es vier Staubblätter, die oft in zwei Paaren angeordnet sind. Bei vielen Arten sind die Staubblätter mit der Oberlippe der Blüte verwachsen, was den Zugang für Bestäuber beeinflusst. Die Blätter sind meist gegenständig (d. h., sie wachsen in Paaren auf gegenüberliegenden Seiten des Stängels) oder manchmal auch in Quirlen (drei oder mehr Blätter aus einem Knoten) angeordnet. Viele Lippenblütler besitzen stark duftende Blätter, die bei Berührung oft ätherische Öle freisetzen. Dies ist besonders bei Kräutern wie Minze, Thymian und Salbei der Fall. Ein weiteres markantes Merkmal der Lippenblütler ist, dass ihre Stängel oft vierkantig sind (im Querschnitt sichtbar), was sie von anderen Pflanzen unterscheidet.
Lippenblütler sind von enormer Bedeutung für Bestäuberinsekten. Sie bieten eine wichtige Nahrungsquelle in Form von Nektar und Pollen. Der Anbau von Lippenblütlern im Garten kann die lokale Bestäuberpopulation unterstützen und die Biodiversität fördern.
In vielen Kulturen haben Lippenblütler eine symbolische Bedeutung. Lavendel wird oft mit Ruhe und Gelassenheit assoziiert und in vielen Kulturen als beruhigendes Heilmittel verwendet. In der griechischen und römischen Mythologie wurde Minze mit Fruchtbarkeit und Heilung in Verbindung gebracht.
Der Thymian galt bei den alten Ägyptern als Symbol für Mut und wurde häufig als Grabbeigabe verwendet.

Achtung

Kriechender Günsel und Kleine Braunelle gelten als milde Heilpflanzen, sollten aber mit Bedacht verwendet werden. Günsel kann leberwirksam sein und sollte nicht dauerhaft oder in der Schwangerschaft eingenommen werden. Die Braunelle ist gut verträglich, aber kein Ersatz für eine ärztliche Behandlung. Beide solltest du nur an sauberen Standorten sammeln, um eine eventuelle Schadstoffbelastung zu vermeiden.

1
2
3

Huflattich • Weiße Pestwurz • Rote Pestwurz

Tussilago farfara
Petasites albus
Petasites hybridus

Huflattich, Weiße und Rote Pestwurz gehören alle zur Familie der Korbblütler (Asteraceae). Vor allem die Blätter im jungen Zustand werden häufig verwechselt. Die Unterschiede zwischen den Pflanzen liegen hauptsächlich in ihren Wachstumsbedingungen, der Größe und den spezifischen Anwendungen in der Kräutermedizin. Während der Huflattich eher klein und niedrig bleibt, sind die Pestwurzarten größere Pflanzen, die bis zu 1 Meter hoch werden können.

1. Huflattich
2. Weiße Pestwurz
3. Rote Pestwurz

Eselsbrücke

Die Rote Pestwurz lässt sich anhand des Buchstabens R recht gut merken. Rote Pestwurz = Regelmäßig gesägt, heRzförmig.

Erkennungsmerkmale

Blätter

Huflattich

- herz- oder nierenförmig
- erscheinen erst nach der Blüte
- relativ klein, 10–20 cm
- dichte Behaarung auf der Unterseite als Feuchtigkeitsspeicher und Kälteschutz
- Blattoberfläche: glatt, wie ganz feines Leder
- Blattoberfläche auch in direkter Sonne noch kalt
- gesägt
- die einzelnen Spitzen rot gefärbt

Huflattich

Weiße Pestwurz

Rote Pestwurz

Weiße Pestwurz

- groß und handförmig mit unregelmäßigen Zacken am Blattrand
- bis zu 30–50 cm
- erscheinen auch erst nach der Blüte
- Unterseite dicht behaart
- im Vergleich zum Huflattich voluminöser

Rote Pestwurz

- robust, dick und gut an feuchte Bedingungen angepasst
- ähnlich wie bei der Weißen Pestwurz, aber herzförmig, Blattrand regelmäßig gezähnt
- bis zu 30–50 cm
- im Vergleich zum Huflattich voluminöser
- behaart, auf der Unterseite feiner Filz
- weiches, graues Aussehen

Blüten

Huflattich

- Blüte sehr zeitig im Frühjahr, meist vor dem Erscheinen der Blätter
- gelb, körbchenförmig, in kleinen Dolden
- Blütenköpfe auffällig, aber klein (etwa 2–3 cm Durchmesser)

Weiße Pestwurz

- dichte, weiße Dolden, vor dem Erscheinen der Blätter
- klein und zahlreich
- Pflanze sieht in Blütezeit wie eine riesige, schirmartige Blüte aus
- oft mehrere 5–10 cm große Blütenstände

Rote Pestwurz

- ähnlich wie bei der Weißen Pestwurz
- rötlich
- dichte, schirmartige, relativ kleine Dolden

Huflattich

Weiße Pestwurz

Rote Pestwurz

Volks- und Naturheilkunde

Huflattich, Weiße Pestwurz und Rote Pestwurz haben jeweils eine Vielzahl von Anwendungsgebieten und sind in vielen traditionellen Heilsystemen gut etabliert.

Huflattich

Die Pflanze ist weitum für ihre Anwendungen bei Atemwegserkrankungen bekannt, da sie vor allem die Schleimhäute der Atemwege beruhigt und entlastet. Huflattichblätter und -blüten werden traditionell verwendet, um Husten zu lindern. Die Pflanze enthält Schleimstoffe, die die Schleimhäute schützen und den Hustenreiz mildern. Besonders bei trockenem Reizhusten oder Husten im Zusammenhang mit Erkältungen ist der Huflattich sehr nützlich. In Form von Tee oder als Tinktur kann Huflattich auch bei Bronchitis helfen, da er entzündungshemmend und schleimlösend wirkt. In der Naturheilkunde wird Huflattich auch bei Asthma eingesetzt, um die Bronchien zu beruhigen und die Atemwege zu entspannen.
Der Huflattichtee ist eine der bekanntesten Einsatzmöglichkeiten. Es wird jedoch empfohlen, den Tee nicht über längere Zeiträume zu sich zu nehmen. Die Pflanze enthält nämlich Alkaloide, die in größeren Dosen toxisch sein können. Huflattich wird auch äußerlich angewendet, um Hautirritationen zu behandeln oder die Heilung bei entzündlichen Prozessen zu unterstützen.

Weiße Pestwurz

Die Weiße Pestwurz wird aufgrund ihrer entzündungshemmenden Eigenschaften in der Behandlung von Migräne eingesetzt.
Sie kann die Häufigkeit und Intensität von Migräneanfällen verringern, indem sie die Entzündung in den Blutgefäßen des Kopfes reduziert. Ähnlich wie der Huflattich wird auch die Weiße Pestwurz bei Husten und Erkältung eingesetzt, um die Schleimhäute zu beruhigen und die Atemwege zu befreien.
In der traditionellen Medizin wurde sie auch bei Magen-Darm-Beschwerden eingesetzt, um die Verdauung zu unterstützen und Entzündungen im Magen-Darm-Trakt zu lindern.
Die Blätter können zu einem beruhigenden Tee verarbeitet werden. Die Pflanze wird auch in Form von Tinkturen verwendet, die innerlich besonders bei wiederkehrenden Beschwerden wie Migräne von Nutzen sein können.

Rote Pestwurz

Sie enthält Petasin und Isopetasin, Wirkstoffe, die Entzündungen hemmen und die Blutgefäße im Kopfbereich beruhigen können. Zahlreiche Studien belegen, dass die Rote Pestwurz Häufigkeit und Schwere von Migräneanfällen positiv beeinflussen kann.
Wie die anderen Pestwurzarten ist auch die Rote Pestwurz bei der Behandlung von Husten, Bronchitis und Erkältungen hilfreich. Ihre schleimlösenden und entzündungshemmenden Eigenschaften unterstützen die Linderung von Atemwegserkrankungen.
Es gibt einige interessante Studien, die die Wirksamkeit der Roten Pestwurz bei Heuschnupfen belegen. Es wird angenommen, dass die Pflanze bei hormonellem Ungleich-

gewicht helfen kann, insbesondere bei der Regulierung des weiblichen Hormonhaushalts. Sie wird daher auch in der Behandlung von Menstruationsbeschwerden und Wechseljahrsproblemen eingesetzt.
Die häufigste Form der Anwendung der Roten Pestwurz in der modernen Medizin ist in Form von Kapseln oder Extrakten. Als Tee können Pestwurzblätter bei Husten und Erkältung helfen.

Klugscheißerwissen

Pyrrolizidinalkaloide – versteckte Risiken aus der Natur

Pyrrolizidinalkaloide (PA) sind eine Gruppe von sekundären Pflanzenstoffen, die in einer Vielzahl von Pflanzenarten vorkommen, insbesondere in den Familien der Korbblütler (z. B. Beifuß), Kreuzblütler (z. B. Kohl) und Raublattgewächse (z. B. Beinwell). Sie sind in vielen Pflanzen enthalten, die als Heilpflanzen genutzt werden. Obwohl PA in der Natur eine Schutzfunktion für die Pflanzen haben, können sie beim Menschen gesundheitsschädlich wirken.
Eines der Hauptziele von PA im Körper ist die Leber, wo sie enorme Schäden anzurichten vermögen. Im Laufe der Zeit können diese Schäden zu Leberfibrose, Leberzirrhose oder sogar Leberkrebs führen. PA können auch Blutgefäße schädigen, was zu vermehrter Blutgerinnung führen kann. Dieser Mechanismus könnte die Entwicklung von Thrombosen und Blutgerinnseln begünstigen. Es gibt Hinweise darauf, dass einige PA auch das Herz-Kreislauf-System negativ beeinflussen. Insbesondere kann eine chronische Exposition zu Herzrhythmusstörungen oder Herzinsuffizienz führen.
Eine akute Vergiftung mit Pyrrolizidinalkaloiden ist selten und tritt meist nur bei extrem hoher Dosierung auf. Zu den Symptomen einer akuten Vergiftung gehören: Übelkeit, Erbrechen, Bauchschmerzen, Durchfall, Schwindel.

Achtung

Huflattich, Weiße und Rote Pestwurz solltest du mit Bedacht einsetzen, da sie in höheren Dosen toxisch wirken können. Besonders Schwangere, Stillende und Kleinkinder sollten PA-haltige Pflanzen meiden, da Pyrrolizidinalkaloide leberschädigend sind und über die Muttermilch übertragen werden können. Huflattich enthält davon am meisten, doch auch Pestwurzarten erfordern einen verantwortungsvollen Umgang.

1
2

Giersch • Wald-Engelwurz

Aegopodium podagraria
Angelica sylvestris

Der Giersch und die Wald-Engelwurz sind zwei Vertreter der Doldenblütler-Familie, die sich auf den ersten Blick zum Verwechseln ähnlich sehen – besonders in ihrer Jugendphase. Obwohl Giersch und Wald-Engelwurz in vielen Punkten Ähnlichkeiten aufweisen, lassen sie sich anhand einiger Merkmale gut unterscheiden: Giersch ist ein kriechender Bodendecker mit frischen, aromatischen Blättern und eher unscheinbaren Stängeln. Wald-Engelwurz dagegen ist eine größere, aufrecht wachsende Pflanze mit einem unangenehmen Geruch.

Eselsbrücke

Bei den Gierschblättern finden wir einen dreieckigen Stängel, die dreiteilige (dreizählige) Blattspreite und die dreigeteilte Endfieder. Somit haben wir hier also drei Mal die Drei, sprich: „Drei Mal drei, du bist dabei."

1 Giersch

2 Wald-Engelwurz

Erkennungsmerkmale

Blätter

Giersch
- dreigeteilt, doppelt bis dreifach gefiedert
- Ränder leicht gezähnt
- dreikantiger Blattstiel

Wald-Engelwurz
- größer, zwei- bis dreifach gefiedert, wirken derber und grober
- Blattstiel halbmondförmig (rinnig)
- unten von auffallend großen Blattscheiden umhüllt
- an Verzweigungsstellen rötlich-violette Ringe

Stängel

Giersch
- dünn, grün, meist kahl, dreikantig
- eher niedrigwachsend und kriechend mit unterirdischen Ausläufern

Wald-Engelwurz
- stark, rundlich, oft rötlich überlaufen oder gefleckt
- leicht gerillt und nicht hohl, sondern markig
- aufrecht und stabil

Blüten

Giersch
- weiße, eher lockere, flache Dolden mit wenig Strahlblüten

Wald-Engelwurz
- weiße bis rötlich überhauchte, kugelige Dolden mit dichtem Blütenstand

Geruch

Giersch
- beim Zerreiben würzig-sellerieartig, manchmal leicht unangenehm

Wald-Engelwurz
- intensiv aromatischer, fast süßlich-würziger Duft, besonders bei der Wurzel

Wuchsform

Giersch
- bodendeckend und ausläuferbildend
- bildet dichte Teppiche, breitet sich invasiv aus

Wald-Engelwurz
- einzeln aufrecht
- bis zu 2 m hoch
- bevorzugt halbschattige bis schattige Standorte in feuchten Wäldern

Wurzel

Giersch
- Flachwurzler mit feinem Wurzelsystem und vielen Ausläufern – schwer zu entfernen

Wald-Engelwurz
- bildet kräftige, aromatisch duftende Pfahlwurzel

Giersch

Wald-Engelwurz

Volks- und Naturheilkunde

Giersch

Der Giersch war früher als „Gichtkraut“ bekannt, da er zur Linderung von Gicht und rheumatischen Beschwerden verwendet wurde. Die Inhaltsstoffe – darunter Flavonoide, ätherische Öle, Mineralstoffe (Kalium, Magnesium) und Vitamin C – wirken entzündungshemmend, harntreibend und stoffwechselanregend. Tee aus frischen oder getrockneten Gierschblättern fördert die Ausscheidung von Harnsäure und lindert Entzündungen. Auch Umschläge aus zerquetschten Blättern helfen bei geschwollenen Gelenken. Die Pflanze regt den Stoffwechsel an und unterstützt die Verdauung. Die jungen Blätter kannst du roh essen, z. B. in Salaten, sie helfen dir bei Blähungen.

Wald-Engelwurz

Die Wald-Engelwurz wird traditionell bei Verdauungsproblemen eingesetzt. Besonders bei einer langsamen Verdauung und nach schweren Mahlzeiten kann sie hilfreich sein. Sie besitzt entzündungshemmende Eigenschaften und wird daher bei entzündlichen Erkrankungen der Atemwege und der Gelenke eingesetzt. Auch bei Bronchitis und rheumatischen Erkrankungen findet sie Anwendung. Die Wald-Engelwurz wirkt zudem beruhigend und kann bei nervöser Erschöpfung, Schlafstörungen oder allgemeiner Nervosität eingesetzt werden. In der Volksmedizin wird die Wald-Engelwurz auch zur Linderung von Menstruationsbeschwerden verwendet. Sie kann als Tee oder Tinktur angewendet werden.

Klugscheißerwissen

Sekundäre Pflanzenstoffe – die Wirkstoff-Wunder

Sie sind die geheimen Helden der Pflanzenwelt: sekundäre Pflanzenstoffe. Anders als Vitamine, Mineralstoffe oder Ballaststoffe gehören sie nicht zu den klassischen Bausteinen unserer Nahrung – und doch leisten sie Erstaunliches. Die Pflanzen produzieren diese Stoffe eigentlich als Abwehr gegen Fressfeinde, zum Schutz vor UV-Strahlung oder zur Kommunikation mit ihrer Umwelt. Am Beispiel unseres Zwillingspaars Giersch und Wald-Engelwurz zeige ich dir nun einige sekundäre Pflanzenstoffe.

Giersch – das „Unkraut“ mit inneren Werten

- Flavonoide: Diese sekundären Pflanzenstoffe wirken antioxidativ – sie schützen unsere Zellen vor freien Radikalen, unterstützen das Immunsystem und wirken entzündungshemmend.
- Cumarine: Sie können im Körper gefäßerweiternd, krampflösend und antimikrobiell wirken.
- Phenolsäuren: Auch diese Stoffe helfen bei der Neutralisierung freier Radikale und fördern den Zellschutz.
- Ätherische Öle: Sie regen die Verdauung

an, wirken leicht antibakteriell und unterstützen den Stoffwechsel.
- Vitamine und Mineralstoffe: Giersch enthält viel Vitamin C, Kalium, Magnesium und Eisen.

Wald-Engelwurz – aromatische Heilkraft aus dem Schatten

- Ätherische Öle: Sie wirken antibakteriell, schleimlösend und krampflösend. Besonders die Wurzel ist stark aromatisch und findet auch in der Likörherstellung Verwendung.
- Furanocumarine: Diese Stoffe haben eine antimikrobielle Wirkung, machen die Haut aber auch lichtempfindlicher. In der Phytotherapie nutzt man sie gezielt bei Hauterkrankungen.
- Bitterstoffe: Sie regen Speichel- und Magensaftproduktion an, fördern die Verdauung und den Appetit – klassische „Magenbitter"-Stoffe.
- Gerbstoffe: Sie wirken adstringierend und entzündungshemmend.
- Polyacetylene: Sie besitzen antimikrobielle Eigenschaften.

Achtung

Engelwurz wirkt u. a. krampflösend und leicht wehenfördernd – deshalb wird vom Verzehr oder innerlichen Gebrauch in der Schwangerschaft abgeraten.

1
2

Gänsefingerkraut • Blutwurz

Argentina anserina
Potentilla erecta

Das Gänsefingerkraut und die Blutwurz finden wir beide in der Familie der Rosengewächse und dort in der Gattung Potentilla. Sie werden in blühendem Zustand manchmal verwechselt, obwohl sie bei näherer Betrachtung einige Unterschiede aufweisen.

Eselsbrücke

Das Wort „Blut" aus Blutwurz hat vier Buchstaben, genauso viele, wie die Pflanze Blütenblätter hat. Also: Blutwurz = Blut = 4 Buchstaben = 4 Blütenblätter (im Gegensatz zu den 5 des Gänsefingerkrauts).

1 Gänsefingerkraut

2 Blutwurz

Erkennungsmerkmale

Blätter

Gänsefingerkraut

- weich, behaart
- Unterseite oft grau-grün und filzig
- am Boden rosettenartig angeordnet, leicht kriechend
- Blattspreite erinnert an eine Gänsefeder

Blutwurz

- steifere, tief eingeschnittene Blätter mit schmalerer Form
- etwas kompakter, mit kürzerem Stiel
- dunkelgrün und weniger behaart
- auch am Boden rosettenartig angeordnet
- Blattspreite zeigt fünf bis sieben Fiederblättchen (beim Gänsefingerkraut sind es fast immer deutlich mehr)

Gänsefingerkraut

Blutwurz

Blüten

Gänsefingerkraut
- fünf gelbe Blütenblätter
- erscheinen in einem Blütenstand an den Enden der Stängel
- Blütenstände dicht, verleihen ein buschiges Aussehen
- klein, unauffällig

Blutwurz
- vier gelbe Blütenblätter (im Gegensatz zu den üblichen fünf der meisten Potentilla-Arten)
- Blüten erscheinen einzeln, in lockeren Trauben an den oberen Enden der Stängel
- kleiner, wirken zierlicher

Wuchsform

Gänsefingerkraut
- kriechende, ausdauernde Pflanze mit rosettenartiger Wuchsform
- niedrige, flächige Bestände, bis zu 30 cm hoch
- breitet sich entlang des Bodens aus

Blutwurz
- eher aufrecht
- 20–50 cm hoch
- bildet eine Rosette an der Basis

Blutwurz-Wurzel

Gänsefingerkraut

Blutwurz

Stängel

Gänsefingerkraut

- oft kriechender oder liegender Wuchs

Blutwurz

- aufrecht und unverzweigt

Wurzel

Gänsefingerkraut

- flach, faserig, breiten sich unter der Erde aus
- ohne besondere Farbe oder Struktur

Blutwurz

- dicker, kräftiger
- beim Zerteilen markante rote Färbung an Schnittstelle

Volks- und Naturheilkunde

Gänsefingerkraut

Das Gänsefingerkraut ist in der Volksmedizin vor allem für seine verdauungsfördernden und entzündungshemmenden Eigenschaften bekannt. Es wurde traditionell verwendet, um Magen-Darm-Probleme zu lindern, Durchfall zu stoppen und die Verdauung zu regulieren. Es wird häufig bei leichten Verdauungsstörungen, Völlegefühl, Blähungen oder auch Appetitmangel eingesetzt. Es hilft, die Schleimhäute im Darm zu straffen und entzündete Gewebe zu beruhigen. Gänsefingerkraut wurde wegen seiner beruhigenden Wirkung auch verwendet, um Hautentzündungen, Ekzeme und Wunden zu behandeln. Auch bei Insektenstichen oder kleinen Verbrennungen kann es helfen, die Heilung zu fördern.
Gänsefingerkraut wird meist in Form von Tee oder als Tinktur angewendet. Der Tee wird aus den blühenden oberirdischen Teilen der Pflanze zubereitet. Es wird oft mit anderen Kräutern wie Kamille oder Pfefferminze kombiniert, um die Wirkung auf den Verdauungstrakt zu verstärken. Das Kraut kann auch in Form von Bädern oder Umschlägen verwendet werden.

Blutwurz

Besonders bekannt ist sie für ihre adstringierenden und blutstillenden Eigenschaften. Sie hilft bei der Blutgerinnung und beim Wundverschluss. Auch bei Zahnfleischblutungen und -entzündungen wurde sie als Heilmittel verwendet. Eingesetzt wurde sie in der Vergangenheit auch besonders bei Durchfall aufgrund von Bakterieninfektionen oder Viren und anderen Magen-Darm-Beschwerden, da sie die Schleimhäute des Darms strafft und entzündliche Prozesse lindert. In der Volksmedizin zählt Blutwurz auch zu den Heilmitteln gegen übermäßiges Schwitzen und Fieber. Die Anwendung von Blutwurz erfolgt häufig in Form von Tee oder

Tinktur. Der Tee wird aus der Wurzel der Pflanze hergestellt. Die Tinktur wird verwendet, um die Wirkung zu verstärken, vor allem bei akuten Beschwerden. In der modernen Kräutermedizin sind auch Kapseln und Tabletten mit Blutwurz erhältlich, die bei Durchfall eingenommen werden. Blutwurz kann auch als Mundspülung oder Gurgellösung verwendet werden.

Klugscheißerwissen

Gerbstoffe – die adstringierende Pflanzenkraft

Gerbstoffe, auch Tannine genannt, sind pflanzliche Polyphenole mit adstringierender, antioxidativer und entzündungshemmender Wirkung, die im Pflanzenreich häufig vorkommen – etwa in bestimmten Früchten, Baumrinden, Blättern, Wurzeln oder anderen Pflanzenteilen. Tannine binden Eiweiße und straffen Gewebe, was Pflanzen vor Schädlingen und Krankheitserregern schützt. Sie halten Fressfeinde, Krankheitserreger und UV-Strahlen fern. Manche Tannine hemmen sogar die Keimung benachbarter Samen, um Konkurrenz zu vermeiden.
Gerbstoffe binden im menschlichen Körper Proteine in Zellen, wodurch sie Gewebe adstringieren und Flüssigkeitsabsonderungen verringern, gereizte Schleimhäute etwa im Magen-Darm-Trakt beruhigen und dadurch z. B. bei Durchfall schnell Linderung verschaffen. Zusätzlich hemmen sie entzündungsfördernde Prostaglandine, wodurch das Abklingen von Schwellungen, Rötungen und Schmerzen bei Hautentzündungen oder rheumatischen Beschwerden unterstützt wird. Gerbstoffen wird auch eine antioxidative Wirkung zugeschrieben: Sie neutralisieren freie Radikale, die Zellschäden verursachen und an Krankheiten wie Krebs oder Herz-Kreislauf-Erkrankungen beteiligt sind. Trotz vieler positiver Effekte können hohe Mengen Tannine Nebenwirkungen wie Übelkeit, Verstopfung oder Schleimhautreizungen verursachen. Zudem kann die Eisenaufnahme beeinträchtigt werden, was bei einem empfindlichen Magen oder einem bestehenden Eisenmangel zu Problemen führen kann.

Achtung

Es ist ratsam, während der Schwangerschaft keine hohen Dosen dieser Kräuter einzunehmen, da sie Blutungen verursachen oder die Gebärmutter reizen könnten. In der Stillzeit sollte die Anwendung ebenfalls nur nach ärztlicher Rücksprache erfolgen.

1
2

Gundelrebe • Milzkraut

Glechoma hederacea
Chrysosplenium ssp.

Die Gundelrebe findet man in der Familie der Lippenblütler (Lamiaceae), sie gehört also zu den aromatischen Kräutern. Das Milzkraut gehört zur Familie der Steinbrechgewächse (Saxifragaceae), einer Pflanzengruppe, die oft an feuchte Standorte angepasst ist. Beide Pflanzen werden dennoch leicht verwechselt. Vor allem die rundlichen, gekerbten Blätter ähneln sich, sodass die Pflanzen ohne Blüten schwer zu identifizieren sind. Wenn du sie sicher unterscheiden will, solltest du auf Blütezeit, Wuchsform und Geruch achten.

1 Gundelrebe

2 Milzkraut

Erkennungsmerkmale

Blätter

Gundelrebe

- rundlich bis nierenförmig mit tiefem herzförmigen Einschnitt an der Basis
- leicht gewellter bis gekerbter Rand, somit kleines, rundes Herz, dem unten die Spitze fehlt
- gegenständig an kriechenden Stängeln
- leicht behaart, weich und oft glänzend

Milzkraut

- rund bis leicht nierenförmig, oft weniger ausgeprägt
- Blattrand gekerbt bis grob gezähnt, jedoch nicht so deutlich gewellt
- oft wechselständig oder in Scheinquirlen an Stängeln
- meist unbehaart und eher matt, wachsartig

Blattfarbe

Gundelrebe

- dunkelgrün, oft leicht violett-rötliche Schattierungen, vor allem an den Rändern oder bei kälteren Temperaturen

Milzkraut

- meist hell bis frischgrün
- wirkt fast gelblich, besonders im Frühling

Blattadern

Gundelrebe

- deutlich sichtbar
- fächerförmig, Struktur des Blattes betonend

Milzkraut

- weniger ausgeprägt und nicht so stark hervortretend

Blüten

Gundelrebe

- violett-blaue Lippenblüten
- Blüten in Blattachseln

Milzkraut

- eher unscheinbare, kleine gelblich-grüne Blüten
- in Blattachselnähe

Geruch

Gundelrebe
- intensiv, würzig-herb

Milzkraut
- kaum wahrnehmbar, da keine aromatische Pflanze

Wuchsform

Gundelrebe
- kriechend mit langen, ausläuferbildenden Stängeln
- an Knoten bewurzelt

Milzkraut
- in lockeren Teppichen
- keine so langen Ausläufer

Gundelrebe

Milzkraut

Volks- und Naturheilkunde

Sowohl die Gundelrebe als auch das Milzkraut sind wertvolle Heilpflanzen der Volksmedizin.

Gundelrebe

Die Gundelrebe wirkt schleimlösend und entzündungshemmend. Sie wird auch zur Wundbehandlung verwendet. Sie fördert die Nierentätigkeit, unterstützt durch ihre Bitterstoffe die Verdauung und wird gegen Blähungen und Völlegefühl empfohlen. Bei Husten kann sie festsitzenden Schleim lösen und die Atemwege beruhigen. Besonders in der traditionellen Klostermedizin wurde sie wegen ihrer schleimlösenden Eigenschaften bei Lungen- und Bronchialleiden geschätzt. Äußerlich angewendet, kann sie bei Wunden, Hautentzündungen oder eitrigen Stellen dienlich sein: Umschläge mit Gundelreben-Aufgüssen wurden bei schlecht heilenden Wunden eingesetzt. Darüber hinaus wird ihr eine mild stimmungsaufhellende Wirkung zugeschrieben. Ein Tee aus den Blättern wird bei Husten, Bronchitis und verstopften Nebenhöhlen empfohlen.

Milzkraut

In der Volksmedizin wurde das Milzkraut früher oft genutzt, ist aber heute weitgehend in Vergessenheit geraten. Wie der Name andeutet, galt das Milzkraut als Heilpflanze für Milzbeschwerden. Ein Tee aus Milzkraut hilft bei Verdauungsbeschwerden und zur Reinigung. Die Pflanze enthält sekundäre Pflanzenstoffe mit antibakterieller und entzündungshemmender Wirkung, die in der Wundversorgung genutzt wurden. Milzkraut half als harntreibendes Mittel bei Wassereinlagerungen und Blasenentzündungen. Durch seinen hohen Gehalt an Flavonoiden und Antioxidantien wurde es zur allgemeinen Kräftigung eingesetzt. Auch kann ein Sud äußerlich zur Linderung von Hautproblemen angewendet werden.

Klugscheißerwissen

18 Punkte zum Angeben

Gundelrebe

1. Ihr Name stammt aus dem Althochdeutschen, wobei „Gund" für „Eiter" oder „Wundsekret" steht. Das deutet darauf hin, dass die Pflanze früher zur Behandlung eitriger Wunden genutzt wurde.
2. Natürliches „Superfood": Die Blätter enthalten viele wertvolle Nährstoffe, darunter Vitamin C, Bitterstoffe und ätherische Öle.
3. Wenn du die Blätter zwischen den Fingern reibst, duften sie dank ihrer ätherischen Öle.
4. Die Pflanze wächst robust und bildet lange Ausläufer, die sich schnell ausbreiten.
5. Vor der Verwendung von Hopfen wurde Gundelrebe als Bitterstoff zum Bierbrauen genutzt. Sie machte das Bier auch länger haltbar.

6. „Katzenminze 2.0": Manche Katzen reagieren auf die Gundelrebe ähnlich wie auf Katzenminze – sie wälzen sich darin.
7. In der Volksmagie galt die Gundelrebe als Schutzkraut gegen böse Geister.
8. Früher wurde der Saft der Pflanze zur Behandlung von Ohrenschmerzen genutzt. Daher wird sie in manchen Gegenden „Ohrkraut" genannt.
9. Wenn sie ihre Blätter stark nach unten neigt, soll es bald regnen.

Milzkraut

1. Der Name „Milzkraut" geht auf die mittelalterliche Signaturenlehre zurück. Man glaubte, dass die rundlichen Blätter der Form der Milz ähneln und die Pflanze deshalb gut für dieses Organ sei.
2. Es wächst bevorzugt in feuchten, schattigen Wäldern und an Bachufern, wo es dichte, teppichartige Polster bildet – ein Mini-Dschungel für Insekten.
3. Seine gelb-grünen Blüten sind so unscheinbar, dass viele Leute das Milzkraut für eine Pflanze „ohne Blüten" halten.
4. In manchen Regionen wurden die jungen Blätter des Milzkrauts roh als Wildsalat gegessen – sie schmecken leicht würzig und erinnern an Brunnenkresse.
5. Die Blätter des Milzkrauts sind leicht gewölbt und sammeln Tautropfen – eine clevere Strategie, um in Dürreperioden nicht auszutrocknen.
6. Das Milzkraut gehört zur Familie der Steinbrechgewächse und ist damit mit der Hauswurz und anderen robusten Überlebenskünstlern verwandt.
7. Wegen seiner entzündungshemmenden Eigenschaften wurde es früher als Hautpflegemittel genutzt – quasi eine historische Anti-Pickel-Creme.
8. In der Volksmedizin wurde das Milzkraut auch zur Stärkung der allgemeinen Abwehrkräfte verwendet – es galt als Kraut für die „innere Reinigung".
9. Seine frühen Blüten bieten eine wichtige Nahrungsquelle für Wildbienen und andere bestäubende Insekten im Frühling.

Achtung

Gundelrebe sollte bewusst und in Maßen angewendet werden. Bei Unsicherheit empfiehlt es sich, auf gekaufte Kräuterpräparate zurückzugreifen.

2
1

Acker-Schachtelhalm · Sumpf-Schachtelhalm

Equisetum arvense
Equisetum palustre

Acker- und Sumpf-Schachtelhalm sind zwei ähnliche, aber klar unterscheidbare Arten. Der heilkräftige Acker-Schachtelhalm wächst auf trockenen Böden, während der giftige Sumpf-Schachtelhalm feuchte Standorte bevorzugt. Der Acker-Schachtelhalm ist eine wertvolle Heilpflanze, während der Sumpf-Schachtelhalm aufgrund seiner Giftstoffe nicht verwendet werden sollte.

Eselsbrücke

Zur Unterscheidung der beiden achte ich immer auf die Länge des ersten Gliedes der Seitenäste. Ist dieses länger als die Krone am Hauptstamm, stelle ich mir vor, wie der Acker-Schachtelhalm seine (Seiten-)Arme über seinem Kopf (Krone) zusammenklatscht und sagt: „Zum Glück bin ich der Richtige (Heilkräftige)." Der Sumpf-Schachtelhalm mit seinen kurzen Armen vermag dies nicht zu bewerkstelligen.

1 Acker-Schachtelhalm

2 Sumpf-Schachtelhalm

Erkennungsmerkmale

Wuchsform

Acker-Schachtelhalm

- 10–50 cm, gelegentlich bis zu 60 cm hoch

Sumpf-Schachtelhalm

- 30–80 cm hoch
- insgesamt kräftiger und stabiler gebaut

Stängel

Acker-Schachtelhalm

- dünne und weiche grüne Sommertriebe (ca. 2–5 mm Durchmesser)
- innen hohl und meist deutlich gerillt

Sumpf-Schachtelhalm

- kräftiger, dicker (bis zu 8 mm)
- Rillen weniger ausgeprägt, Oberfläche glatter

Seitenäste

Acker-Schachtelhalm

- Seitenäste dünn, fadenartig, im rechten Winkel vom Hauptstängel abstehend
- nicht verzweigt

Sumpf-Schachtelhalm

- wenige und locker stehende Quirle mit meist nur vier bis acht Seitenästen pro Quirl, die sich nicht verzweigen
- Äste stehen in Abständen, oft leicht hängend, erinnern an schlaffe Arme

Sporenstände

Acker-Schachtelhalm

- zwei verschiedene Triebe – im Frühjahr unfruchtbare grüne Triebe und separate, hellbraune bis rötliche Sporenstände

Sumpf-Schachtelhalm

- keine separaten Triebe bzw. Sporenstände
- Sporenähren sitzen auf den grünen Sommertrieben

Standort und Vorkommen

Acker-Schachtelhalm

- Äcker, Wiesen, Wegränder, Böschungen
- bevorzugt nährstoffreiche, eher trockene bis mäßig feuchte Böden
- anpassungsfähig, kommt sowohl auf lehmigen als auch auf sandigen Böden vor

Sumpf-Schachtelhalm

- feuchte bis nasse Gebiete wie Sümpfe, Moore, Gräben, Ufer von Flüssen und stehenden Gewässern
- auch sehr nasse, humose, torfige Böden

Volks- und Naturheilkunde

Schachtelhalme galten als Symbol für Ausdauer und Langlebigkeit. Die Griechen und Römer nutzten sie zur Wundheilung und Knochenstärkung. Ihr hoher Kieselsäuregehalt machte sie früher zu einem beliebten Scheuermittel – daher der Name „Zinnkraut". Der Acker-Schachtelhalm stärkt das Bindegewebe, hilft bei Harnwegsinfekten, unterstützt die Wundheilung und fördert die Knochengesundheit. Der Sumpf-Schachtelhalm hingegen ist aufgrund seiner toxischen Alkaloide ungeeignet für den medizinischen Gebrauch.

Acker-Schachtelhalm

Sumpf-Schachtelhalm

Acker-Schachtelhalm

Schon in der Antike wurde er von Heilkundigen wie Dioskurides und später von Hildegard von Bingen geschätzt. In der Volksmedizin wird er bis heute bei zahlreichen Beschwerden eingesetzt, vor allem wegen seines hohen Kieselsäuregehalts.
Wichtige Inhaltsstoffe und ihre Wirkungen:

- Kieselsäure stärkt das Bindegewebe und unterstützt die Gesundheit von Haut, Haaren und Nägeln. Schachtelhalmtee wird traditionell bei brüchigen Nägeln, Haarausfall oder schwachem Bindegewebe empfohlen. Silizium ist außerdem wichtig für gesunde Knochen und wird unterstützend bei Osteoporose und Arthritis eingesetzt.
- Flavonoide: Diese sekundären Pflanzenstoffe wirken entzündungshemmend und antioxidativ.
- Saponine fördern die Harnausscheidung und werden bei Entzündungen der Harnwege sowie bei Nierengrieß oder Blasenproblemen genutzt.
- Kalium und Magnesium tragen zur Regulation von Nerven- und Muskelfunktionen bei.
- Gerbstoffe wirken adstringierend und fördern die Wundheilung, z. B. bei Ekzemen, Hautreizungen oder schlecht heilenden Wunden.

Acker-Schachtelhalm als Tee wirkt entwässernd, entzündungshemmend und stärkend. Er wird bei Wassereinlagerungen (Ödemen), Blasenentzündungen und zur allgemeinen Entgiftung eingesetzt. Die enthaltenen Mineralstoffe und Antioxidantien unterstützen den Stoffwechsel und können langfristig auch das Immunsystem stärken. Zur Stärkung von Haut, Haaren und Bindegewebe eignet sich ein Kaltauszug (Mazerat).

Sumpf-Schachtelhalm

Der Sumpf-Schachtelhalm enthält giftige Alkaloide, insbesondere Palustrin, die für Weidetiere und Menschen toxisch sein können.
Mögliche Vergiftungserscheinungen bei Menschen:

- Übelkeit, Erbrechen, Durchfall,
- Muskelkrämpfe und Nervenschäden,
- bei längerer Einnahme mögliche Leberschäden.

Klugscheißerwissen

Lebende Fossilien mit erstaunlicher Geschichte

Schachtelhalme zählen zu den faszinierendsten Pflanzen der Erde. Sie gehören zu den ältesten noch lebenden Pflanzengruppen und haben einzigartige Eigenschaften, die sie zu echten Überlebenskünstlern machen. Ihre Vorfahren existierten bereits vor etwa 350 Millionen Jahren im Karbon-Zeitalter. Arten wie die Calamites wurden bis zu 30 m hoch. Ihre versteinerten Überreste trugen zur Entstehung heutiger Steinkohlevorkommen bei. Die heutigen Schachtelhalme sind die kleinen Nachfahren dieser Urzeitpflanzen.

Schachtelhalme besitzen bemerkenswerte Eigenschaften:

- Ihre Stängel enthalten viel Kieselsäure (Siliziumdioxid), was sie stabil und rau macht.
- Sie breiten sich über unterirdische Wurzelstöcke aus und regenerieren sich nach Waldbränden oder Überschwemmungen.
- Sie pflanzen sich durch Sporen, nicht Samen, fort.

Schachtelhalme sind standorttreu und verraten viel über den Boden:

- Der Acker-Schachtelhalm wächst auf verdichteten, feuchten Lehmböden – oft ein Hinweis auf schlechte Bodenbelüftung.
- Der Sumpf-Schachtelhalm zeigt sehr nasse, moorige Böden an. Damit sind sie nützliche Indikatoren für die Landwirtschaft und Gärtnerei.

Achtung

Personen mit eingeschränkter Nierenfunktion oder Herzproblemen sollten Acker-Schachtelhalm nicht ohne ärztliche Rücksprache einnehmen, da er stark entwässernd wirkt. Schachtelhalme reichern Schwermetalle aus dem Boden an. Deshalb sollten sie nicht aus stark verschmutzten Gebieten (z. B. Straßenränder, Industrieflächen) bezogen werden.

1
2
3

Schwarzer Holunder • Roter Holunder • Attich

Sambucus nigra
Sambucus racemosa
Sambucus ebulus

Der Schwarze Holunder, der Rote Holunder und der Attich gehören zur Gattung Sambucus innerhalb der Familie der Moschuskrautgewächse (Adoxaceae). Während der Schwarze Holunder als echter Hausapotheker und kulinarischer Liebling gilt, ist der Rote Holunder ein Fall für Kenner – und der Attich, tja, der genießt einen eher zweifelhaften Ruf …

1 Schwarzer Holunder
2 Roter Holunder
3 Attich

EIN KLEINER TIPP
Wenn du den Stängel aufschneidest und er nicht holzig, sondern krautig und markhaltig ist, die Pflanze mehr als sieben Fiederblättchen hat und unangenehm nach alten Socken riecht, dann hast du ziemlich sicher Attich vor dir. Schwarzer Holunder ist verholzt, der Stängel ist härter, das Mark feiner.

Erkennungsmerkmale

Blätter

Alle drei Arten haben gegenständig angeordnete, unpaarig gefiederte Blätter mit lanzettlichen Fiederblättchen und gesägtem Blattrand.

Schwarzer Holunder
- fünf bis sieben Fiederblättchen
- riecht zerrieben erdig, leicht muffig

Roter Holunder
- stark gesägt
- Geruch beim Zerreiben noch intensiver

Attich
- breiter, bis zu 30 cm lang
- kräftig gezähnte Ränder

Schwarzer Holunder | Roter Holunder | Attich

- Geruch beim Zerreiben unangenehm scharf, erinnert an Knoblauch

Blüten

Schwarzer Holunder
- flache, tellerförmige weiße bis cremefarbene Dolden
- stark duftend
- Einzelblüten fünfzählig, mit gelblichen Staubbeuteln

Roter Holunder
- erscheinen oft schon ab April
- weiß bis gelblich
- in Rispenform
- schwacher bis unangenehmer Geruch

Attich
- flache Dolden
- Einzelblüten zartrosa bis weißlich-rosa

- riechen unangenehm süßlich-faulig, fast penetrant

Früchte

Schwarzer Holunder
- tiefschwarze, glänzende Beeren mit rötlichem Saft
- in schweren, nach unten gebogenen Dolden
- reif ab Spätsommer (August/September)
- roh giftig, gekocht jedoch vielseitig verwendbar

Roter Holunder
- rote, glänzende Beeren mit gelblichem Fruchtfleisch
- in aufrecht stehenden Dolden
- reif bereits im Juni/Juli
- roh ungenießbar bis leicht giftig, gekocht selten genutzt

Schwarzer Holunder

Roter Holunder

Attich

Attich

- tiefschwarze, glänzende Beeren mit fast schwarzem Saft
- in aufrecht stehenden Dolden
- reif ab Juli
- stark giftig – auch nach dem Kochen

Wuchsform

Schwarzer Holunder

- mehrjähriger, verholzender Strauch, bis 7 m hoch
- Mark in den Zweigen weiß und weich
- Rinde graubraun, mit Korkwarzen besetzt

Roter Holunder

- verholzender Strauch
- meist kleiner (bis 3 m)
- Zweigaufbau wie Schwarzer Holunder
- Mark bräunlich und fester

Attich

- ausdauernde, krautige Pflanze
- verholzte Wurzel
- unverholzter Stängel, markig, rötlich überlaufen
- bis 1,5 m hoch

Volks- und Naturheilkunde

Schwarzer Holunder

Schon Hippokrates soll ihn als „Medizinschrank des kleinen Mannes“ beschrieben haben. In fast jedem Bauerngarten war er zu finden, sei es wegen seiner heilsamen Wirkung, seiner köstlichen Blüten oder der tiefschwarzen Beeren, die im Spätsommer geerntet wurden. Die duftenden Holunderblüten sind schweißtreibend, fiebersenkend und schleimlösend. Die reifen, dunklen Beeren wirken stärkend auf das Immunsystem, sind reich an Antioxidantien, entzündungshemmend und bei Erkältungen wahre Kraftpakete. Die in ihnen enthaltenen Anthocyane zählen zu den wirksamsten natürlichen Radikalfängern. Rinde und Blätter wurden früher ebenfalls genutzt, vor allem als harntreibendes oder abführendes Mittel sowie bei Hautproblemen – heute spielen sie jedoch wegen der höheren Giftigkeit kaum noch eine Rolle.

Holunderblütentee ist ein bewährtes Hausmittel bei Fieber, grippalen Infekten und Erkältungskrankheiten. Holunderblütensirup wird nicht nur als köstliches Erfrischungsgetränk geschätzt, sondern dient auch als sanfte naturheilkundliche Begleitung in der Erkältungszeit. Die Beeren – nur gekocht genießbar – finden als Saft, Suppe oder Marmelade Anwendung, besonders im Winter zur Stärkung des Immunsystems. In der Naturkosmetik kommen Holunderblüten aufgrund ihrer reizlindernden Wirkung bei empfindlicher oder entzündeter Haut zum Einsatz.

Roter Holunder

Seine rötlichen Beeren reifen meist etwas früher im Jahr und enthalten wesentlich mehr Sambunigrin – ein cyanogenes Glykosid, das beim Zerkleinern zu giftigen Blausäureverbindungen umgewandelt werden kann. Im Gegensatz zum Schwarzen Holunder wird die Giftigkeit beim Kochen nicht vollständig abgebaut. In früheren Zeiten stellte man aus ihnen dennoch gelegentlich Mus oder Saft her. Die Blüten ähneln in Aufbau und Aussehen denen des Schwarzen Holunders, verströmen jedoch einen unangenehmen Geruch und finden daher nur selten Verwendung. Rinde und Wurzeln galten in der alten Volksheilkunde als Brech- oder Abführmittel, doch auch sie wurden stets mit Bedacht eingesetzt. Aufgrund seiner potenziellen Giftigkeit wird der Rote Holunder heute in der Selbstmedikation nicht mehr empfohlen.

Attich

Seine Wurzel wurde früher als harntreibend und abführend geschätzt, wurde aber auch gegen „böse Geister“ oder als Ritualgegenstand genutzt. Die schwarzvioletten Beeren enthalten neben Sambunigrin auch weitere toxische Alkaloide, Harze und stark reizende ätherische Öle. Bereits kleine Mengen können zu Übelkeit, Erbrechen und Durchfall führen. Auch Blätter und Samen sind stark reizend und können Haut und Schleimhäute angreifen. Zur Selbstmedikation ist der Attich also denkbar ungeeignet.

Klugscheißerwissen

Holunder als Hausbaum und Schwellenpflanze

In alten Bauernkulturen war der Schwarze Holunder heilig. Man pflanzte ihn bewusst nahe beim Haus. Man glaubte, dass in ihm die „Frau Holle“ wohne – die Hüterin der Schwelle zwischen Leben und Tod. Den Holunder zu fällen, galt als Frevel.
Auch als Schwellenpflanze hat er symbolische Kraft: Er steht an Übergängen – vom Frühling zum Sommer (Blütezeit), vom Leben zum Tod (medizinisch-symbolisch), zwischen Haus und Garten, zwischen Diesseits und Jenseits. Kein anderer Strauch hat eine solche Dichte an Volksglauben, Brauchtum und Heilkunde auf sich vereint. Schon der Duft seiner Blüten galt als segnend, seine Beeren als Schutz gegen dunkle Mächte. Kinder wurden unter ihm gesegnet, Kranke unter ihm gebettet. In vielen Regionen sagte man: Wer einen Holunder im Garten hat, dem geht das Glück nicht aus.

1
2

Birke • Zitterpappel

Betula ssp.
Populus tremula

Beide gehören zur typischen mitteleuropäischen Flora und sind Pionierpflanzen, die karge Standorte besiedeln und das Bild unserer Wälder, Wiesen und Waldränder prägen. Auf den ersten Blick ähneln sie sich – vor allem in jungen Jahren –, doch bei genauerem Hinsehen zeigen sich feine, aber markante Unterschiede in Blättern, Rinde, Wuchsform und Verwendung. Wer sie kennt und unterscheiden kann, sieht den Wald gleich mit anderen Augen.

Eselsbrücke

Im Wort „Pappel" befinden sich eher runde Buchstaben. Somit merken wir uns: Pappel, rund, rundes Blatt mit abgerundetem Blattrand. Im Wort „Birke" sehen wir vor allem eckige bzw. gradlinige Buchstaben. Somit merken wir uns hier: Birke, (drei-)eckig, gesägter Blattrand.

1. Birke
2. Zitterpappel

Erkennungsmerkmale

Blätter

Birke
- meist dreieckig oder eiförmig
- scharf gezähnt
- im Frühling hellgrün, im Herbst gelb

Zitterpappel
- rundlich bis leicht herzförmig
- feinere, abgerundete Zähne
- lange, abgeflachte Blattstielchen, bei leichtem Wind ein Flattern der Blätter

Birke

Zitterpappel

Rinde

Birke

- weiß, schält sich in dünnen Schichten ab
- bei der selteneren Schwarzbirke (Betula nigra) dunkelbraun bis schwarz

Zitterpappel

- glatt, graugrün
- im Alter dunkler und rissiger
- keine Abschälungen der jungen Rinde

Wuchsform

Birke

- schlank und aufrecht
- bis zu 25 m hoch
- Krone spitz zulaufend, luftig

Zitterpappel

- ähnlich hoch
- rundere, dichtere Krone
- wirkt kompakter und kräftiger im Wuchs

Holz

Birke

- hell, gleichmäßig und fein strukturiert, wird häufig für Möbel, Furniere, Sperrholz und Kunsthandwerk verwendet

Zitterpappel

- weicher, weniger dauerhaft, wichtig in Zellstoff- und Papierherstellung und in einfachen Holzverwendungen

Birke

Zitterpappel

Blüten und Fruchtstände

Birke

- die „Kätzchen" erscheinen im Frühjahr und entwickeln sich zu kleinen, geflügelten Nüsschen

Zitterpappel

- trägt ebenfalls Kätzchen, Fruchtstände meist größer
- Samen von feinen Haaren umgeben

Standort und Vorkommen

Birke

- feuchte, nicht staunasse Böden
- Moorgebiete, Waldränder oder lichte Feuchtwälder

Zitterpappel

- ähnlich flexibel, auch trockenere Standorte, durchlässige Böden
- feuchte Senken und lichte Hänge
- bevorzugt sonnige bis halbschattige Plätze

Volks- und Naturheilkunde

Birke und Pappel sind zwei weit verbreitete Bäume, die in der Naturheilkunde seit Jahrhunderten verwendet werden. Beide Bäume bieten verschiedene heilende Eigenschaften, ihre Rinde, Blätter, Knospen und sogar das Holz finden vielseitige Anwendung.

Birke

Die Blätter der Birke werden oft in Tees und Tinkturen verwendet, da sie harntreibende und entzündungshemmende Eigenschaften besitzen. Sie sind hilfreich bei Harnwegsinfekten und Nierenerkrankungen. Durch Anbohren des Stammes lässt sich im Frühjahr Birkensaft gewinnen, der wegen seines hohen Gehalts an Vitaminen und Mineralstoffen zur Stärkung des Immunsystems verwendet wird, aber auch als erfrischendes Getränk geschätzt ist. Die Knospen enthalten entzündungshemmende und schmerzlindernde ätherische Öle und Flavonoide. Sie werden in Salben und Tinkturen eingesetzt, um Hauterkrankungen zu behandeln, und als Unterstützung bei der Behandlung von Gelenkschmerzen oder rheumatischen Beschwerden. Die Rinde enthält Betulin, dessen entzündungshemmende und heilende Eigenschaften bei Hautproblemen wie Ekzemen und Hautausschlägen geschätzt sind. Die jeweiligen Pflanzenteile der Birke werden zur Zubereitung von Tee und zur Herstellung von Salben und Tinkturen verwendet.

Pappel
Die Knospen der Pappel (besonders der Zitterpappel) enthalten eine Vielzahl von aktiven Inhaltsstoffen wie Salicylsäure und Flavonoide und werden in Tinkturen oder Salben verwendet. Die entzündungshemmenden Eigenschaften helfen bei Muskel- und Gelenkschmerzen sowie bei Hautentzündungen. Die Rinde hat eine beruhigende Wirkung auf das Verdauungssystem. Ein Tee aus Birkenrinde kann bei Magenbeschwerden wie Sodbrennen oder Magenschleimhautentzündungen hilfreich sein. Vor allem aber wird die Rinde für ihre fiebersenkenden und schmerzstillenden Eigenschaften geschätzt. Die Blätter werden ebenfalls für Tees verwendet, die harntreibend wirken und die Blasenfunktion unterstützen können.

Klugscheißerwissen

Warum zittert die Pappel?

Das Zittern der Pappeln wird durch die besondere Beschaffenheit ihrer Blätter und Zweige verursacht. Die Blätter der Zitterpappel wackeln so stark im Wind, weil sie an besonders langen, flachen Blattstielen hängen, die viel beweglicher sind als bei anderen Bäumen. Diese Blattstiele sind an der Basis asymmetrisch, was bedeutet, dass sie nicht gleichmäßig in alle Richtungen kippen. Diese Bewegung erzeugt den charakteristischen „Zitter"-Effekt. Auch die Form der Blätter trägt dazu bei: Sie sind dünn und oval, was die Angriffsfläche für den Wind vergrößert. Diese spezielle Struktur der Zitterpappel hilft ihr dabei, auch bei starkem Wind nicht so leicht abzubrechen, da die Blätter sich schnell und flexibel bewegen können, ohne Schaden zu nehmen. Es wird angenommen, dass das Zittern der Blätter auch eine Rolle bei der Thermoregulation und dem Schutz der Pflanze spielt. Es könnte dazu dienen, die Blätter kühler zu halten und gleichzeitig die Verdunstung zu steuern, indem Luftströme durch die Blätter erzeugt werden.

Birke – die Eidechse unter den Bäumen

Die Birke wirft ihre äußere Haut regelmäßig ab. Sie schält sich, weil ihre Rinde im Laufe des Wachstums nicht mit dem Stamm mitwächst. Dieser Prozess des Abwerfens der alten Rinde hilft der Birke, ihre Rinde vor Schädlingen, Pilzen und anderen äußeren Einflüssen zu schützen. Zudem sorgt das Abwerfen der Borke dafür, dass die Birke ihre Wurzeln und den Stamm besser vor dem Austrocknen schützt, da die alte Rinde nicht mehr ausreichend Feuchtigkeit halten kann. Der Name „Birke" stammt übrigens vom althochdeutschen Wort „bircha", das sich wiederum vom germanischen „birkō" ableitet. Diese Wurzeln sind mit dem indogermanischen Wort „bhergh-" verwandt, was „weiß" oder „hell" bedeutet. Der Name bezieht sich auf die auffällige, helle, fast weiße Rinde der Birke. Sie gilt als Symbol für Reinheit und Helligkeit.

Weide • Sanddorn

Salix ssp.
Hippophae rhamnoides

Weide und Sanddorn haben einige interessante Gemeinsamkeiten, obwohl sie verschiedene Pflanzenarten sind. Die Weide ist ein Baum oder Strauch aus der Familie der Weidengewächse (Salicaceae), während der Sanddorn zur Familie der Ölweidengewächse (Elaeagnaceae) gehört.

1 Weide
2 Sanddorn

Erkennungsmerkmale

Blätter

Weide

- lang, schmal
- weich und biegsam
- lanzettlich oder elliptisch geformt
- Oberseite dunkelgrün und glänzend
- Unterseite silbrig-weiß wegen der feinen Härchen (Wasserspeicher und Sonnenschutz)
- Farbe variiert je nach Art, Grundfarbe Grün bis Graugrün

Sanddorn

- schmal, lanzettlich geformt
- kleinere Blattober- und -unterseite
- dicht mit silbrigen Härchen (Trichome) bewachsen (Wasserspeicher, Sonnenschutz, Windschutz, Kälteschutz)
- silbrig, graugrün, fast metallisch
- Blattrand rollt sich leicht nach unten
- besonderes Merkmal: Dornen an den Ästen

Blüten

Weide

- einhäusig, tragen also männliche und weibliche Blüten auf derselben Pflanze, aber in getrennten Kätzchen
- sehr auffällig, besonders die männlichen, die gelb erscheinen und viel Pollen produzieren
- erscheinen früh im Frühjahr, noch vor den Blättern
- Bestäubung durch den Wind, wobei Pollen in großen Mengen freigesetzt wird

Sanddorn

- zweihäusig, bildet getrennte männliche und weibliche Pflanzen
- sehr unscheinbare Blüten und kein auffälliger Pollen bei männlichen Pflanzen
- weibliche Pflanzen tragen die orangefarbenen Früchte
- Bestäubung durch den Wind, wobei der Baum auf beständige Präsenz von männlichen und weiblichen Pflanzen angewiesen ist, um Früchte zu bilden

Knospen

Weide
- klein, länglich und spitz zulaufend
- oft mit brauner bis rötlicher schuppiger Hülle mit lockerer Struktur umgeben
- mit feinen Härchen (Wasserspeicher)

Sanddorn
- kompakter und runder
- dichte, silbrige Schuppenschicht (Schutz vor extremen Wetterbedingungen)

Früchte

Weide
- keine auffälligen bzw. verwendbaren Früchte
- bildet Kapseln, die nach Bestäubung reifen
- Samen werden durch den Wind verbreitet und sind relativ klein

Sanddorn
- leuchtend orangefarbene Früchte von Juni bis Oktober

Weide

Sanddorn

Volks- und Naturheilkunde

Die Weide und der Sanddorn sind für die Naturheilkunde wertvolle Pflanzen aufgrund ihrer heilenden Eigenschaften sehr geschätzt. Beide Pflanzen bieten eine Vielzahl von gesundheitsfördernden Wirkungen, die in der modernen Phytotherapie und der traditionellen Naturheilkunde Anwendung finden.

Weide

Sie ist besonders bekannt wegen ihrer schmerzlindernden und entzündungshemmenden Eigenschaften, die vor allem auf den Salicylaten beruhen. Der Hauptbestandteil der Weidenrinde ist Salicin, ein Stoff, der eng verwandt mit Acetylsalicylsäure ist, dem Wirkstoff von Aspirin. Wegen dieser Inhaltsstoffe wird die Weide vor allem bei entzündlichen Erkrankungen wie Gelenkentzündungen, Arthritis und Rheuma eingesetzt. Weidenrinde enthält auch weitere Verbindungen, die die Produktion von entzündungsfördernden Stoffen im Körper hemmen. Durch ihre Fähigkeit, die Körpertemperatur zu regulieren, wird die Weide oft bei fieberhaften Erkrankungen verwendet. Ihre Wirkung auf die Durchblutung macht die Weide zu einem nützlichen Mittel bei Kreislaufproblemen und Blutgerinnungsstörungen.
Bei der Weide ist es vor allem die Rinde, die wertvolle Inhaltsstoffe enthält. Diese können als Tinktur, Tee, Ölauszug oder Salbe eingesetzt werden, wobei die Tinktur (innerlich und äußerlich) am effektivsten wirkt.

Sanddorn

Der Sanddorn wird für seine Früchte sehr geschätzt. Sie sind besonders reich an Vitamin C und essenziellen Fettsäuren und finden daher in der Naturheilkunde breite Anwendung. Neben den Früchten werden auch die Blätter, die Rinde und das Öl der Pflanze genutzt. Zusätzlich zum hohen Anteil an Vitamin C finden sich im Sanddorn auch Antioxidantien, die zur Stärkung des Immunsystems und zur Vorbeugung gegen Infektionen beitragen können. Sanddornöl fördert die Hautregeneration und wirkt unterstützend bei der Behandlung von Hautverletzungen und Hauterkrankungen. Die entzündungshemmenden Eigenschaften des Sanddorns wirken auch auf die Schleimhäute des Verdauungsapparates und tragen zur Regulierung der Verdauung bei. Man schreibt dem Sanddorn auch eine Senkung des Cholesterinspiegels und in der Folge des Risikos von Herz-Kreislauf-Erkrankungen zu.
Die Früchte werden frisch oder als Marmelade verwendet. Ein Ölauszug aus den Früchten kann pur auf die Haut aufgetragen oder zu einer Gesichtscreme verarbeitet werden.

Klugscheißerwissen

Warum manche Pflanzen zweihäusig sind

In der Pflanzenwelt gibt es faszinierende Fortpflanzungsstrategien – eine davon ist die Zweihäusigkeit, auch Diozie genannt.

Dabei tragen einzelne Pflanzen entweder nur männliche oder nur weibliche Blüten – also entweder Staubblätter (für die Pollenproduktion) oder Fruchtknoten (für die Samenbildung) –, nicht aber beides. Während viele Pflanzen zwittrig sind oder beide Geschlechter auf einer Pflanze vereinen, ist bei zweihäusigen Arten wie Brennnessel, Ginkgo oder Wacholder eine klare Trennung zu beobachten.
Doch warum ist diese aufwendigere Form überhaupt entstanden? Ein Hauptvorteil ist die gezielte Vermeidung von Selbstbefruchtung. Zwittrige oder einhäusige Pflanzen können sich selbst bestäuben – das verringert langfristig die genetische Vielfalt und erhöht die Anfälligkeit für Krankheiten und Umweltveränderungen. Zweihäusige Pflanzen umgehen dieses Problem: Weil männliche und weibliche Blüten auf unterschiedlichen Individuen wachsen, muss der Pollen eine andere Pflanze erreichen – über Wind, Insekten oder andere Bestäuber. Das führt zu größerer genetischer Durchmischung und damit zu widerstandsfähigeren Nachkommen. Zweihäusige Pflanzen nutzen ihre Energie effizienter. Männliche Pflanzen konzentrieren sich auf die Pollenproduktion, weibliche auf die Samen- und Fruchtbildung. So muss keine Pflanze beide Funktionen erfüllen – ein Vorteil vor allem bei knappen Ressourcen. Auch evolutionär ist die Zweihäusigkeit vorteilhaft: Mehr genetische Vielfalt bedeutet mehr Anpassungspotenzial. Besonders in Zeiten des Wandels – etwa durch Klimaveränderungen oder neue Krankheitserreger – haben Populationen mit hoher Vielfalt die Nase vorn. Manche Arten können je nach Umweltbedingungen sogar zwischen Ein- und Zweihäusigkeit wechseln.

Achtung

Wenn du empfindlich auf Aspirin oder andere Salicylate reagierst, solltest du die Inhaltsstoffe der Weide meiden. Sie kann ähnliche Nebenwirkungen wie Aspirin verursachen, etwa Magenbeschwerden oder allergische Reaktionen.
Bei einigen Menschen, vor allem bei solchen, die nachweislich schon auf andere Beeren oder Früchte allergisch sind, kann Sanddorn allergische Reaktionen hervorrufen. Es ist ratsam, mit einer kleinen Menge zu beginnen, wenn du zum ersten Mal Sanddornprodukte verwendest.

Küchenpflanzen

1
2

Himbeere • Brombeere

Rubus idaeus
Rubus fruticosus

Die Himbeere und die Brombeere sind zwei Pflanzen, die auf den ersten Blick vieles gemeinsam haben – und dennoch in vielerlei Hinsicht gegensätzlicher kaum sein könnten. Beide gehören zur Familie der Rosengewächse, beide bilden köstliche Sammelsteinfrüchte, beide wachsen oft wild an Waldrändern, Zäunen und sonnigen Lichtungen. Auch ökologisch sind Himbeere und Brombeere bedeutsam: Ihre Blüten sind wichtige Nektar- und Pollenquellen für Insekten, ihre Früchte eine wichtige Nahrungsquelle für Vögel, Kleinsäuger und Insektenlarven.

Eselsbrücke

Die Himbeere trägt helle Früchte und auch eine helle Blattrückseite. Bei der Brombeere sind es dunkle Früchte und dunkle Blätter.

1 Himbeere
2 Brombeere

Erkennungsmerkmale

Blätter

Himbeere
- meist drei- bis fünfteilig gefiedert, seltener siebenzählig, fein gezähnt
- wichtig: Unterseite auffällig weißfilzig behaart
- weich, fast samtig, wechselständig

Brombeere
- drei- bis fünffach gefiedert
- oft lederartig fest und von dunklerem Grün
- Unterseite dunkelgrün, kaum behaart, manchmal leicht borstig, aber nicht weiß
- ebenfalls gezähnt, aber grober und fester

Stängel

Himbeere
- treibt jedes Jahr neue, aufrechte Ruten aus
- zweijährig: im ersten Jahr blattlos, im zweiten Jahr fruchttragend, dann sterben sie ab
- meist weich, leicht stachelig, grünlich bis hellbraun und oft leicht bereift

Brombeere
- mehrjährige, halbverholzte bis verholzte Ruten
- bogig oder niederliegend, mit sehr kräftigen, hakigen Stacheln
- grün bis rotbraun, bis zu mehrere Meter lang
- Stacheln verhaken sich regelrecht in Kleidung und Haut

Blüten

Himbeere
- zart, weißlich bis hellrosa
- fast filigran, mit auffälligen Staubblättern

Brombeere
- leuchtend weiß bis hellrosa
- kräftiger, größer und kompakter
- erscheinen meist in Büscheln, fünfzählig

Früchte

Himbeere

- reifen ab Frühsommer
- fein säuerlich
- rote Früchte, leicht vom Zapfen lösbar
- beim Lösen bleibt der Fruchtboden (Zapfen) an der Pflanze zurück – die Frucht ist innen hohl

Brombeere

- reifen ab Hochsommer bis in den Herbst hinein
- kräftiger, herber Geschmack
- beim Lösen bleibt der Zapfen in der Frucht, weshalb sie nicht hohl, sondern kompakter ist

Volks- und Naturheilkunde

Himbeere

Sie ist in der Volksmedizin vor allem als Frauenkraut bekannt. Ihre Blätter – nicht die Früchte! – gelten als adstringierend, entzündungshemmend und menstruationsregulierend. Als Tee wird Himbeerblatt vor allem in der Schwangerschaft und zur

Himbeere

Brombeere

Geburtsvorbereitung eingesetzt. Es soll die Muskulatur der Gebärmutter tonisieren und die Geburt erleichtern. Die Früchte sind vitaminreich, insbesondere an Vitamin C, Eisen, Kalium und Anthocyanen. Sie wirken leicht abführend, fiebersenkend und antioxidativ. Auch in der Kinderheilkunde sind sie beliebt, etwa bei leichten Durchfällen oder Fieber. Himbeerblättertee wird aber auch zur Stärkung des Zahnfleisches und bei Halsentzündungen genutzt. Getrocknete Blätter lassen sich gut lagern und mit anderen Kräutern kombinieren – etwa mit Schafgarbe oder Frauenmantel.
Die Früchte sind nicht nur roh ein Genuss, sondern auch als Saft, Sirup oder Konfitüre beliebt. Aus der Hausapotheke wird Himbeersaft gerne bei Fieber, Husten oder Schwächezuständen gereicht.

Brombeere
Die Einsatzgebiete der Brombeere sind ähnlich, aber ihre Wirkung ist kräftiger. Auch hier werden vor allem die Blätter medizinisch verwendet: als Tee gegen Durchfall, Entzündungen im Mund- und Rachenraum, als Spülung bei Zahnfleischbluten, Verdauungsbeschwerden oder leichten Infekten. Die reichlich enthaltenen Gerbstoffe wirken adstringierend, weshalb sich Brombeerblättertee auch als Gurgellösung eignet. Die Früchte sind vitaminreich, stärken das Immunsystem und gelten als klassisches Mittel gegen Sommergrippe und Erkältung. Ihr hoher Gehalt an sekundären Pflanzenstoffen, vor allem Flavonoiden, macht sie zu einer antioxidativen Kraftquelle. Die Beeren sind äußerst vielseitig verwendbar: in Smoothies, Marmeladen, Sirupen, Weinen oder einfach für den Verzehr frisch vom Strauch. Die Samen in den Früchten regen die Verdauung an und unterstützen die Darmgesundheit.

Klugscheißerwissen

Die Frucht ist keine Beere!

Botanisch gesehen sind weder Himbeere noch Brombeere echte Beeren – auch wenn sie sich so nennen und normalerweise als Paradebeispiele für „Beerenobst“ herhalten. Der Irrtum liegt im sprachlichen Alltagsgebrauch, der sich nicht an botanische Definitionen hält. In Wahrheit handelt es sich bei beiden um sogenannte Sammelsteinfrüchte. Jede einzelne kleine Kugel – man nennt sie Drupeole – ist eine eigenständige, winzige Steinfrucht mit einem harten Kern in der Mitte. Viele dieser Mini-Früchtchen sitzen gemeinsam auf einem zentralen Fruchtboden, der sogenannten Blütenachse oder dem Zapfen.

Die vielfältige Brombeere

Die Brombeeren gelten als sehr hybridfreudig. Das bedeutet: Sie kreuzen sich ständig untereinander, bilden neue Formen, basteln genetisch munter drauflos. Dadurch sind in Mitteleuropa heute über 400 verschiedene Mikrospezies von Brombeeren beschrieben – manche Forscher sprechen sogar von weit über 1.000 Formen. Manche dieser Unterarten unterscheiden sich nur in winzigen Merkmalen: Anzahl der Blattzähne, Form der

Stacheln, Farbe des Stängels – ein wahres Eldorado für detailverliebte Botaniker*innen und ein Albtraum für alle, die es gern übersichtlich mögen.
Diese Formenvielfalt ist auch ein Grund, warum Brombeeren schwer zu bestimmen sind. Die sogenannte Rubus-fruticosus-Aggregat-Art ist ein Sammelbegriff für viele, oft sehr lokal verbreitete Brombeervarianten. Manche wachsen nur in einem einzigen Tal, andere auf bestimmten Böden oder in Höhenlagen. Sie können sich vegetativ über Ruten vermehren und bilden so große, genetisch einheitliche Klone, die sich in der Natur aber dennoch vielfältig präsentieren.
Auch die Chromosomenzahlen machen Himbeeren und Brombeeren interessant: Brombeeren sind oft polyploid, also mit einem Vielfachen des normalen Chromosomensatzes ausgestattet. Manche besitzen acht- oder sogar zehnfache Mengen – das fördert ihre Kreuzungsfreude. Ihr flexibles Erbgut ermöglicht ständig neue Formen, die sich auch ohne Befruchtung halten – ein Phänomen namens Apomixis.
Die Himbeere kennt zwar auch verschiedene Unterarten (etwa die Waldhimbeere, Rubus idaeus ssp. idaeus), aber sie treibt es nicht ganz so bunt wie ihre stachelige Schwester. Ihre größte Vielfalt entfaltet sich nicht in der Wildform, sondern in der Zucht: Weltweit gibt es Hunderte Kultur-Himbeersorten, die sich in Fruchtgröße, Farbe (von Goldgelb bis Tiefrot), Erntezeit und Geschmack unterscheiden. Viele Sorten sind stachellos gezüchtet – ein Umstand, den viele Gartenfreunde sehr zu schätzen wissen.

Achtung

Beide Pflanzen enthalten in den Blättern geringe Mengen an Gerbstoffen, die bei übermäßigem Genuss leicht reizend auf Magen und Leber wirken können. Frische, junge Blätter eignen sich besser für den Tee als ältere, verholzte. In der Schwangerschaft sollte Himbeerblättertee nicht vor der 34. Woche getrunken werden – seine wehenfördernde Wirkung ist sanft, aber spürbar. Bei Unsicherheiten ist immer fachlicher Rat einzuholen.

1
2

Vogelmiere • Acker-Hornkraut

Stellaria media
Cerastium arvense

Die Vogelmiere und das Acker-Hornkraut sind zwei weit verbreitete Pflanzenarten aus der Familie der Nelkengewächse (Caryophyllaceae), die sowohl in landwirtschaftlich genutzten Gebieten als auch in Gärten und Wiesen vorkommen. Beide Arten werden manchmal als Unkräuter beschimpft, weil sie sich schnell ausbreiten und unter Umständen den Kulturpflanzen Konkurrenz machen.

Eselsbrücke

Dafür nehmen wir die Anfangsbuchstaben der beiden Pflanzen, sprich V und A. Der Buchstabe V ist bis zum Grund „eingeschlitzt", so wie die Blütenblätter der Vogelmiere. Der Buchstabe A hat in der Mitte eine waagrechte Linie und ist somit bloß zur Hälfte „eingeschlitzt", wie es auch die Blütenblätter beim Acker-Hornkraut sind.

1 Vogelmiere

2 Acker-Hornkraut

Erkennungsmerkmale

Blätter

Vogelmiere
- länglich-oval, weich
- gegenständig

Acker-Hornkraut
- lanzettlich und länglich, filziges Aussehen durch feine Behaarung
- gegenständig, schmaler und weniger weich

Blüten

Vogelmiere
- sehr klein, mit fünf weißen, spitzen Blütenblättern
- stehen in Blattachseln, in dichten Trauben angeordnet
- Blütenblätter bis zum Grund eingeschlitzt, aber noch zusammenhängend (scheint, als wären es zehn)

Acker-Hornkraut
- weiße Blüten, aber größer
- lockere Trauben an den Enden der Triebe
- Blütenblätter fünfzählig, aber anders in Form und Struktur
- Blütenblätter maximal zur Hälfte eingeschlitzt

Stängel

Vogelmiere
- trägt einzelne Haarlinie, ähnlich einem kurzen Irokesenschnitt

Acker-Hornkraut
- rundum behaart und rau

Wuchsform

Vogelmiere

- niederliegend oder kriechend, bis zu 40 cm lang
- bildet dichte Teppiche

Acker-Hornkraut

- wächst aufrechter
- bis zu 30 cm hoch
- eher buschig, breitet sich nicht so stark in der Fläche aus

Volks- und Naturheilkunde

Beide Pflanzen haben sich in der Naturheilkunde als wirksam bei der Behandlung von Entzündungen, Hautproblemen und Harnwegsbeschwerden etabliert.

Vogelmiere

Die Pflanze enthält eine Vielzahl an Nährstoffen, darunter Vitamin C, Flavonoide, Mineralstoffe und Saponine. Vogelmiere kann als milder Tee oder in grünen Smoothies genossen werden. Sie wirkt beruhigend auf

Vogelmiere

Acker-Hornkraut

gereizte Schleimhäute und kann Magen-Darm-Beschwerden lindern. Die Volksheilkunde setzte sie bei Reizhusten, Frühjahrsmüdigkeit und rheumatischen Beschwerden ein. Sie zeigt auch eine harntreibende Wirkung und wird daher bei Harnwegsinfektionen, Ödemen oder Blasenentzündungen oder allgemein zur Entwässerung empfohlen. Die enthaltenen Vitamine und Mineralstoffe stärken das Immunsystem und helfen, den Körper gegen Infektionen zu wappnen. Außerdem unterstützt sie die Reinigungsprozesse des Körpers. Besonders bei Hautproblemen kann Vogelmierentee hilfreich sein.
Äußerlich kann ein Breiumschlag aus frischer Vogelmiere auf schmerzende Gelenke, Insektenstiche oder juckende Hautstellen gelegt werden, aber als wirkungsvoll gilt auch eine Vogelmieren-Tinktur. Ihre entzündungshemmende Wirkung unterstützt die Behandlung von Ekzemen oder Ausschlägen und begünstigt die Heilung bei kleinen Verbrennungen.
Der hohe Chlorophyllgehalt der Vogelmiere macht sie außerdem zu einer wunderbaren Zutat für grüne Frühlingskuren, die den Stoffwechsel aktivieren und neue Energie schenken. Frische Vogelmiere kann auch in Salaten oder als Beigabe zu anderen Gerichten verwendet werden.

Acker-Hornkraut

Es hat eine beruhigende und entzündungshemmende Wirkung und wird vor allem bei rheumatischen Beschwerden und Hautproblemen geschätzt. Die Pflanze enthält Flavonoide, Saponine und ätherische Öle, die zur heilenden Wirkung beitragen. Acker-Hornkraut wird oft zur Behandlung von rheumatischen Erkrankungen und Gelenkschmerzen eingesetzt. Die entzündungshemmenden Eigenschaften können helfen, Schmerzen und Schwellungen zu lindern. Ähnlich wie Vogelmiere wirkt auch Acker-Hornkraut harntreibend und wird bei Harnwegsinfektionen und Blasenentzündungen verwendet. Zudem trägt Acker-Hornkraut dazu bei, die Haut zu beruhigen und Entzündungen zu lindern. Es wird daher zur Behandlung von Hautausschlägen, kleinen Wunden und Hautirritationen genutzt. In der Naturheilkunde wird Acker-Hornkraut meist als Tee oder Tinktur verwendet. Der Tee kann bei rheumatischen Beschwerden oder als Unterstützung bei Blasenentzündungen getrunken werden. Eine äußerliche Anwendung als Umschlag oder Badezusatz kann helfen, Hautirritationen zu behandeln und den Heilungsprozess zu beschleunigen.

Klugscheißerwissen

Der Darm der Vogelmiere

Hinter ihrer schlichten Erscheinung verbirgt sich eine bemerkenswerte Funktionalität, die das Überleben und die Verbreitung dieser Pflanze auch in anspruchsvolleren Umgebungen sichert. Wenn du den Stängel der Vogelmiere auseinanderziehst, bis er reißt, kannst du seine inneren Leitgefäße sehen. Diese werden ganz oft als „Darm" bezeichnet. Sie sind Teil des Gefäßsystems, das für den Transport von Wasser, Nährstoffen und

Zucker durch die Pflanze zuständig ist. Die wichtigsten Leitgewebe sind das Xylem (für den Transport von Mineralstoffen von den Wurzeln zu den Blättern) und das Phloem (für den Transport von Nährstoffen und Zucker von den Blättern zu anderen Pflanzenteilen). Diese Leitgewebe sind oft als dünne, längliche Strukturen sichtbar und verlaufen entlang des Stängels. Es gibt auch Pflanzen, die keine echten Leitgefäße besitzen, sogenannte Niedere Pflanzen, zu denen Moose und Algen gehören. Diese Pflanzen transportieren Wasser und Nährstoffe direkt durch Osmose.
Die Vogelmiere hat am Stängel keine vollständige Behaarung, sondern nur eine einzelne Haarlinie. Das bringt der Pflanze mehrere Vorteile: Die einzelnen Haare dienen als Schutzmechanismus gegen Schädlinge wie etwa kleine Insekten oder Fressfeinde. Eine vollständige Behaarung aber könnte für die Pflanze energetisch teuer und unnötig sein, da die Wirkung der Einzelhaare bereits ausreichend ist. Außerdem kann die einzelne Haarlinie dabei helfen, Wasser aus Tau oder leichtem Regen gezielt entlang des Stängels zu den Wurzeln zu leiten – eine clevere Strategie in trockeneren Zeiten. So wirkt die Behaarung nicht nur als Schutz, sondern auch als minimalistisches Bewässerungssystem.

1
2

Brennnessel • Weiße Taubnessel

Urtica dioica
Lamium album

Die Brennnessel und die Taubnessel sind zwei Pflanzen, die auf den ersten Blick oft verwechselt werden – und das, obwohl sie botanisch nicht einmal eng verwandt sind. Was sie verbindet, ist ihre namensgebende Ähnlichkeit in der Blattform und ihre Vorliebe für stickstoffreiche Standorte. Doch während die eine brennt, bleibt die andere „taub" – also harmlos. Beide wachsen häufig an Wegrändern, auf Brachflächen, unter Hecken oder in Gärten – manchmal sogar nebeneinander.

1 Brennnessel

2 Weiße Taubnessel

Erkennungsmerkmale

Blätter

Brennnessel

- spitz-oval, grob gezähnt, gegenständig
- Oberfläche mit Brennhaaren übersät, die beim Kontakt mit der Haut kleine Mengen „brennender" Ameisensäure abgeben

Weiße Taubnessel

- ebenfalls gegenständig, gezähnt
- weicher, samtiger, völlig ungefährlich
- kein Brennen, kein Jucken – die Taubnessel ist die sanfte Schwester im Nessel-Universum

Blüten

Brennnessel

- unscheinbare, grünliche bis bräunliche, hängende Blütenstände
- bei weiblichen Pflanzen mit Fruchtknoten mit pinselförmigen Narben
- bei männlichen Pflanzen Staubgefäße, die nach dem Öffnen der Blüte eine kleine Staubwolke bilden

Weiße Taubnessel

- auffällig, lippenförmig, weiß, aber je nach Art auch rosa, violett, gelb
- in Etagenquirlen an den oberen Blattachseln, ähnlich kleinen Orchideen
- beliebt bei Hummeln und Bienen

Stängel

Brennnessel

- vierkantig, trägt auch Brennhaare
- bis zu 1,5 m hoch
- meist unverzweigt oder nur wenig verzweigt

Weiße Taubnessel

- vierkantig, ohne Brennhaare
- eher niederliegend bis aufsteigend
- stärker verzweigt, meist deutlich niedriger

Wuchsform

Brennnessel

- gelegentlich Bildung ganzer Kolonien
- Verbreitung durch kräftige unterirdische Ausläufer

Weiße Taubnessel

- horstig oder teppichartig
- eher lokal begrenzt

Standort und Vorkommen

Beide Pflanzen lieben nährstoffreiche, eher feuchte Böden und sind häufige Begleiter menschlicher Siedlungen.

Brennnessel

- klassischer Platzhirsch auf verwilderten Flächen

Weiße Taubnessel

- gerne auf nährstoffreichen Wiesen

Brennnessel

Weiße Taubnessel

Volks- und Naturheilkunde

Brennnessel

Sie ist eine der bekanntesten Heilpflanzen Mitteleuropas und beliebt wegen ihrer entwässernden, reinigenden, entzündungshemmenden und stoffwechselanregenden Wirkung. Die jungen Blätter enthalten viel Eisen, Kalzium, Vitamin C, Kieselsäure und sekundäre Pflanzenstoffe wie Flavonoide. Traditionell wird die Brennnessel bei Frühjahrskuren eingesetzt. Sie fördert die Nierentätigkeit, hilft bei Rheuma, Gicht und Hauterkrankungen. Auch zur Unterstützung bei Haarausfall und zur Förderung der Durchblutung der Kopfhaut ist sie beliebt – nicht umsonst war Brennnesselhaarwasser einst ein Verkaufsschlager.
Besonders beliebt ist der Tee aus den Blättern oder Wurzeln der Pflanze. Während die Blätter vor allem für ihre harntreibende und stoffwechselanregende Wirkung geschätzt werden, bringt die Wurzel besonders bei Prostatabeschwerden und Haarausfall ihre besonderen Stärken zur Geltung. Frisch geerntet eignet sich die Brennnessel hervorragend als vitaminreiches Wildgemüse oder als grüne Zutat in Smoothies, wo sie für einen kräftigen Energieschub sorgt. Wer die volle Pflanzenkraft konservieren möchte, kann aus den Wurzeln oder den nährstoffreichen Samen eine Tinktur herstellen. Diese alkoholischen Auszüge gelten als traditionelles Kräftigungsmittel und finden ihren Einsatz bei Erschöpfung und allgemeiner Schwäche.

Auch in der äußeren Anwendung überzeugt die Brennnessel: Ein Haarwasser oder eine Spülung aus Brennnesselblättern oder -wurzeln wird traditionell bei Haarausfall eingesetzt. Es soll die Kopfhaut beleben, die Durchblutung fördern und das Haarwachstum anregen. Besonders bemerkenswert ist zudem die Wirkung der frischen Samen – sie gelten in der Volksheilkunde als regelrechtes Stärkungsmittel, das Körper und Geist wieder in Schwung bringt.

Weiße Taubnessel

Sie ist weniger bekannt, aber in der Volksheilkunde durchaus geschätzt. Ihre Wirkung ist entzündungshemmend, schleimlösend, krampflösend und leicht östrogenartig. In der Frauenheilkunde findet sie Anwendung bei Weißfluss, Menstruationsbeschwerden und Wechseljahrsbeschwerden. Ihre Blüten enthalten Schleimstoffe, Iridoide und Flavonoide – diese Mischung macht sie auch bei Reizhusten und Bronchitis wertvoll. Ein sanfter Tee aus den Blüten beruhigt den Magen, fördert die Verdauung und kann auch bei nervöser Unruhe helfen. Neben der innerlichen Anwendung kann das Kraut auch äußerlich genutzt werden: Auflagen mit den Blüten oder dem Kraut helfen bei verschiedenen Hautproblemen, indem sie Entzündungen lindern und die Heilung unterstützen. Oft findet man die Pflanze auch in Mischtees, die gezielt zur Beruhigung und zur Lösung von Krämpfen eingesetzt werden. Besonders vielseitig sind die jungen Blätter, die sich als schmackhafte Zutat in Salaten eignen und so auf genussvolle Weise in die tägliche Ernährung integriert werden können.

Klugscheißerwissen

Die Brennhaare der Brennnessel

Die Brennhaare der Brennnessel sind ein wahres Wunderwerk der Natur und ein beeindruckendes Beispiel dafür, wie Pflanzen sich auf raffinierte Weise gegen Fressfeinde schützen. Jedes einzelne Brennhaar besteht aus einer einzigen basalen Zelle, die am Pflanzenkörper verankert ist, und einem langen, glasartig Haar. Dieses Haar ist so fein und spröde, dass es bei Berührung bricht – ähnlich wie eine winzige Ampulle. Die zerbrechliche Spitze des Brennhaars bohrt sich dabei in die Haut und injiziert ein komplexes chemisches Gemisch. Dadurch setzt das typische, unangenehme Brennen ein und hält in der Regel einige Minuten an, manchmal begleitet von Rötungen und einem stechenden Gefühl. Das Zusammenspiel der verschiedenen Stoffe sorgt dabei nicht nur für die Reizung, sondern auch für eine leichte Entzündungsreaktion der Haut. Ameisensäure etwa sorgt für den stechenden Schmerz, während Histamin und Serotonin die Gefäße erweitern und das Brennen verstärken. Acetylcholin, ein Botenstoff, regt die Nervenenden an, und das wird als Brennen und Kribbeln wahrgenommen.
Dieser ausgeklügelte Mechanismus schützt die Brennnessel wirksam vor Fressfeinden. Dennoch gibt es einige wenige Insekten, die sich genau auf die Brennnessel als Nahrungsquelle spezialisiert haben. Dazu zählen die Raupen des Tagpfauenauges und des Kleinen Fuchses, die sich von den Blättern ernähren. Diese Schmetterlingsraupen besitzen spezielle Anpassungen, die sie vor der Reizung schützen, und können die Pflanze somit als Nahrungsquelle nutzen, ohne Schaden zu nehmen.

Achtung

Brennnessel wirkt harntreibend und stoffwechselanregend, kann aber bei empfindlichen Menschen Magenreizungen oder leichten Durchfall auslösen. Wer Herz- oder Nierenprobleme hat oder entwässernde Medikamente nimmt, sollte vor der Verwendung der Brennnessel fachlichen Rat einholen.

1
2

Bärlauch • Maiglöckchen

Allium ursinum
Convallaria majalis

Der Bärlauch und das Maiglöckchen gehören zur Familie der Spargelgewächse (Asparagaceae), wobei der Bärlauch zur Unterfamilie der Lauchgewächse (Allioideae) zählt. Beide Pflanzen wachsen in feuchten Laubwäldern oft nebeneinander und können aufgrund ihrer ähnlichen Blätter leicht verwechselt werden.Besonders im Frühling, wenn noch keine Blüten ausgebildet sind, ist das Risiko einer Verwechslung groß – mit gefährlichen Folgen. Denn während der Bärlauch eine geschätzte Wildpflanze mit aromatischem Geschmack und heilender Wirkung ist, zählt das Maiglöckchen zu den giftigen Frühblühern.

Eselsbrücke

Um den Bärlauch sicher zu identifizieren, sollte man immer auf mehrere Erkennungsmerkmale achten. Beim Bärlauch merke ich mir: Der wahre Schatz hat eine glänzende Oberfläche. Beim Maiglöckchen merke ich mir: Die knackende Mittelrippe bricht mir das Genick.

1 Bärlauch
2 Maiglöckchen

Erkennungsmerkmale

Blätter

Bärlauch

- einzeln mit einem eigenen, länglichen Stiel aus dem Boden wachsend
- lanzettlich bis elliptisch, Oberfläche glatt, glänzend, Unterseite matt, deutlich sichtbare Mittelrippe
- weich und biegsam
- intensiver Knoblauchgeruch beim Zerreiben der Blätter

Maiglöckchen

- mindestens zwei, manchmal auch mehr und aus einem gemeinsamen Stängel wachsend
- ebenfalls lanzettlich, aber meist breiter und fester
- Ober- und Unterseite matt
- Mittelrippe knackt beim Umbiegen
- stärker gefalteter Austrieb, junge Blätter liegen wie eine Röhre eng zusammen
- ohne erwähnenswerten Geruch

Stängel

Bärlauch

- jeder Blattstiel wächst direkt aus einer Zwiebel, die sich knapp unter der Erdoberfläche befindet
- Stiele rund und hellgrün, relativ zart und hohl wie bei vielen Lauchgewächsen

Maiglöckchen

- bildet unterirdische Rhizome, aus denen ein unverzweigter Stängel wächst, der meist zwei größere Blätter trägt und später den Blütenstand emporhebt
- Stängel ist fester und im Querschnitt leicht kantig

Blüten

An ihrer Blüte kannst du die beiden Pflanzen insgesamt am deutlichsten voneinander abgrenzen.

Bärlauch
- meist April bis Mai
- runde, weiße Scheindolde mit vielen kleinen Einzelblüten
- sternförmig, schneeweiß, dezenter lauchartiger Duft
- Blütenstiele lang und dünn, Blütenstand ähnelt einer Miniatur-Feuerwerksrakete

Maiglöckchen
- hängende Traube aus kleinen, glockenförmigen weißen Blüten, zarter, süßlicher Duft
- Blüten alle an einer Seite des Blütenstängels, wie kleine Porzellanglöckchen

Volks- und Naturheilkunde

Bärlauch
Traditionell wird der Bärlauch zur Reinigung und Stärkung des Kreislaufs eingesetzt. Er wirkt harntreibend, fördert die Verdauung und kann bei Bluthochdruck und Arteriosklerose hilfreich sein. Die schwefelhaltigen Verbindungen, die auch für den typischen Knoblauchgeruch verantwortlich sind, wirken antibakteriell und antioxidativ. Diese Verbindungen, vor allem Allicin, entstehen erst durch das Zerreißen oder Zerkleinern

Bärlauch

Maiglöckchen

der Blätter und sind für viele der gesundheitsfördernden Wirkungen des Bärlauchs verantwortlich. Allicin hilft aber auch, die Gefäßwände zu entspannen und dadurch den Blutdruck zu senken. Deshalb wird Bärlauch in der Naturheilkunde oft bei Bluthochdruck (Hypertonie) und zur Unterstützung der Gefäßgesundheit empfohlen.
Eine wichtige Rolle spielen auch die antioxidativen Eigenschaften des Bärlauchs. Sie schützen die Zellen vor schädlichen freien Radikalen, die im Körper durch Umweltgifte, Stress oder Entzündungen entstehen können, und tragen so zum Schutz vor frühzeitiger Zellalterung und degenerativen Erkrankungen bei. Durch die harntreibende Wirkung kann er auch bei Blasenentzündungen oder Nierenleiden unterstützend eingesetzt werden.
Studien weisen darauf hin, dass die regelmäßige Einnahme von Bärlauchextrakten das Risiko von Herz-Kreislauf-Erkrankungen verringert, da es die Blutfettwerte senkt. Auch die Volksmedizin empfiehlt Bärlauch auch als sanftes natürliches Mittel zur Senkung des Cholesterinspiegels. Dies trägt zur Vorbeugung von Arteriosklerose und anderen Herz-Kreislauf-Erkrankungen bei. Frisch ist der Bärlauch als Wildkraut eine beliebte Zutat in Salaten, Pesto oder Kräuterquark. Ein Tee aus frischen oder getrockneten Bärlauchblättern fördert die Verdauung und Entwässerung.

Maiglöckchen

In der klassischen Phytotherapie wird das Maiglöckchen kaum noch verwendet – zu groß ist die Vergiftungsgefahr durch die enthaltenen Cardenolide (herzwirksame Glykoside). Diese können den Herzrhythmus beeinflussen und werden nur noch in homöopathischen Dosierungen genutzt. Früher setzte man das Maiglöckchen bei Herzinsuffizienz und Kreislaufschwäche ein – heute wird dies nur noch durch ärztlich kontrollierte Präparate gemacht.

Klugscheißerwissen

Maiglöckchen – giftige Schönheit mit Herz und Taktgefühl

Das Maiglöckchen enthält eine Vielzahl an herzwirksamen Glykosiden, vor allem sogenannte Cardenolide. Diese Substanzen greifen direkt in den Ionenhaushalt des Herzens ein – und das nicht zu knapp. Klingt dramatisch? Ist es auch. Denn schon in kleinsten Mengen kann das Maiglöckchen aufgrund der enthaltenen Glykoside starke Vergiftungserscheinungen hervorrufen. Diese Stoffe sind in allen Pflanzenteilen enthalten: In Blättern, Blüten, Beeren und sogar im Wasser eines Straußes sind diese toxischen Stoffe nachweisbar. Besonders hoch ist die Konzentration in den Blättern und Blüten während der Blütezeit im Mai.
Die herzwirksamen Glykoside des Maiglöckchens wirken digitalisähnlich – also vergleichbar mit Medikamenten wie Digoxin, die bei Herzinsuffizienz oder Herzrhythmusstörungen eingesetzt werden. Sie beeinflussen die Natrium-Kalium-Pumpe in den Herzmuskelzellen und erhöhen so die Kontraktionskraft des Herzens. Allerdings ist die thera-

peutische Breite extrem gering – das heißt: Zwischen „hilft dem Herzen“ und „lässt es stillstehen“ liegt nur ein hauchdünner Unterschied in der Dosierung. Tatsächlich wurde das Maiglöckchen früher in der Phytotherapie verwendet – vor allem zur Behandlung von Herzschwäche und zur Förderung der Harnausscheidung. In der modernen Medizin hat es allerdings kaum noch eine Bedeutung, da es durch genauer dosierbare Herzglykoside (z. B. aus dem Fingerhut) ersetzt wurde. Heute wird das Maiglöckchen gelegentlich noch in der Homöopathie verwendet – dort allerdings stark verdünnt (potenziert), sodass keine Wirkstoffe mehr messbar sind.

Vergiftungserscheinungen durch Maiglöckchen beim Menschen sind Übelkeit, Erbrechen, Durchfall, Herzrhythmusstörungen (z. B. Extrasystolen, AV-Block, Kammerflimmern), Sehstörungen (z. B. Farbsinnstörungen), Krämpfe, Schwindel und im Extremfall Herzstillstand.

Fazit:

Maiglöckchen = wunderschön + hochgiftig

Inhaltsstoffe = Cardenolide = herzwirksam + riskant

Nicht essen, nicht trinken, nicht experimentieren.

Achtung

Der Verzehr jeglicher Pflanzenteile des Maiglöckchens kann zu schweren Vergiftungen führen.

Beim Sammeln von Wildkräutern gilt immer: Nur pflücken, was man zu 100 Prozent erkennt. Gerade in der Familie der Spargel- und Liliengewächse gibt es verwechslungsgefährdete, teils tödlich giftige Pflanzen. Wer sich unsicher ist, sollte auf den Verzehr verzichten oder eine sachkundige Person konsultieren.

1
2

Heidelbeere • Rauschbeere

Vaccinium myrtillus
Vaccinium uliginosum

Die Heidelbeere und die Rauschbeere gehören zur Familie der Heidekrautgewächse (Ericaceae). Beide Pflanzen wachsen bevorzugt in sauren Böden, häufig in Nadelwäldern und Moorgebieten. Aufgrund ihrer ähnlichen Blattform und Beerenfarbe werden sie leicht verwechselt – was vor allem bei der Rauschbeere aufgrund ihrer giftigen Wirkung gefährlich sein kann.

1. Heidelbeere
2. Rauschbeere

Erkennungsmerkmale

Blätter

Heidelbeere

- oval bis elliptisch
- recht dünn und weich
- Oberfläche glatt, leicht glänzend
- meist fein gesägt, wechselständig am Zweig
- Blattoberseite frisch grün, Unterseite etwas heller
- im Herbst rot bis purpurn gefärbt

Rauschbeere

- ähnlich geformt, meist etwas kleiner
- oft stärker ledrig, meist glatter Rand
- Oberseite bläulich-grün, Unterseite heller, grau-grün

Wuchsform

Heidelbeere

- niedriger bis mittelgroßer Strauch
- kann dichte Polster bilden
- sehr widerstandsfähig gegenüber Frost und Trockenheit
- verzweigte, grüne, kantige (meist vierkantige) Stängel

Rauschbeere

- strauchige Pflanze
- meist noch niedriger und gedrungener, mit dickeren, rundlichen und holzigen Zweigen
- wächst oft in Mooren und kühlen Nadelwäldern, bevorzugt sehr saure Böden

Blüten

Heidelbeere

- blüht im späten Frühjahr bis Frühsommer
- kleine, glockenförmige Blüten, weiß bis rosa
- meist einzeln oder in kleinen Büscheln von den Zweigen herabhängend
- mild-süßlich duftend

Rauschbeere

- ebenfalls klein, glockenförmig
- meist weiß, in kleinen Trauben hängend
- blüht ebenfalls im späten Frühjahr bis Frühsommer
- weniger auffällig duftend

Früchte

Heidelbeere
- außen dunkelblau bis schwarzblau
- Fruchtfleisch von einem satten Blauviolett
- färbt zuverlässig Zunge, Lippen und Finger
- unverwechselbarer Geschmack: intensiv, aromatisch und süßsäuerlich

Rauschbeere
- bläulich, matt, bereift
- Fruchtfleisch farblos oder grünlich, hinterlässt keine Spuren auf Zunge oder Fingern
- schmeckt eher wässrig, nur leicht säuerlich und insgesamt eher mild bis fade

Volks- und Naturheilkunde

Heidelbeere
Die Heidelbeere ist seit jeher eine geschätzte Wildfrucht mit vielfältigen gesundheitsfördernden Eigenschaften. Besonders die blauen Früchte sind reich an Anthocyanen, das sind starke Antioxidantien, die Zellschutz bieten und Entzündungen hemmen können. Heidelbeeren stärken das Immunsystem, fördern die Augengesundheit und wirken unterstützend bei Durchfallerkrankungen. Ihre Gerbstoffe haben adstringierende Eigenschaften, weshalb Heidelbeertee traditionell bei Magen-Darm-Beschwerden eingesetzt wird. Darüber hinaus sind Heidelbeeren eine wertvolle Quelle für Vitamin C, Vitamin E, Ballaststoffe und Mineralstoffe wie Kalium und Mangan. Sie fördern die Verdauung und gelten in der modernen Ernährungswissenschaft als unterstützendes Lebensmittel bei Diabetes Typ 2.

Heidelbeere

Rauschbeere

Nicht zu unterschätzen ist auch der positive Einfluss der Heidelbeere auf das Herz-Kreislauf-System. Studien zeigen, dass der regelmäßige Verzehr von Heidelbeeren zur Senkung des Blutdrucks beitragen und die Elastizität der Blutgefäße verbessern kann. Die antioxidativen Inhaltsstoffe schützen die Gefäße vor Ablagerungen und wirken somit präventiv gegen Arteriosklerose. Auch die Regulation des Cholesterinspiegels wird durch die Beeren positiv beeinflusst – vor allem das schädliche LDL-Cholesterin kann gesenkt werden.
In der Volksmedizin wurden nicht nur die Beeren, sondern auch die Blätter der Heidelbeere verwendet. Getrocknet und als Tee zubereitet, galten sie als traditionelles Hausmittel bei leichten Blutzuckerproblemen und zur Unterstützung der Bauchspeicheldrüse. Allerdings sollte man Heidelbeerblätter nur kurweise und nicht dauerhaft einsetzen, da sie in hoher Dosis leicht toxisch wirken können.
Ihre antioxidativen Eigenschaften machen die Heidelbeere zu einem beliebten Inhaltsstoff in der Naturkosmetik, etwa in Gesichtsmasken oder Cremes, da sie helfen kann, die Haut vor frühzeitiger Alterung durch freie Radikale zu schützen. Ihre intensive Farbe wird als natürlicher Farbstoff in der Lebensmittelverarbeitung geschätzt. Getrocknet wirkt sie dank ihrer Gerbstoffe bei Durchfall und Entzündungen im Mund- und Rachenraum.
Neben ihren gesundheitlichen Aspekten punktet die Heidelbeere natürlich auch geschmacklich: Ob frisch vom Strauch, im Joghurt, als Saft, Marmelade oder im Kuchen – ihr aromatisch-süßsäuerlicher Geschmack ist unverwechselbar.

Rauschbeere

Im Gegensatz zur Heidelbeere ist die Rauschbeere giftig. Ihre Früchte enthalten Solanin und andere Alkaloide, die in größeren Mengen zu Vergiftungen führen können. Der Verzehr kann Übelkeit, Erbrechen, Kopfschmerzen und Schwindel auslösen – daher auch der Name „Rauschbeere", weil sie berauschend bzw. toxisch wirkt. Historisch wurde die Rauschbeere nur sehr vorsichtig in der Volksmedizin verwendet, etwa zur äußerlichen Anwendung bei Hautproblemen oder in homöopathischer Dosierung. Eine Einnahme der Beeren wird heute nicht mehr empfohlen.

Klugscheißerwissen

Heidelbeere – von Beeren und Behauptungen

Die Heidelbeere ist eine jener Pflanzen, die es trotz ihrer geringen Größe in sich haben. Sie ist Superfood, Wildfrucht, Heilpflanze Farbstoff, Kindheitserinnerung und Modebegriff zugleich. Doch wer denkt, er kenne sie, hat meistens nur die halbe Wahrheit geschluckt – oder schlimmer noch: die falsche Beere gekauft.
Nicht jede Heidelbeere ist eine Heidelbeere. Was im Supermarkt als „Blaubeere" verkauft wird, ist in der Regel die Kulturheidelbeere (Vaccinium corymbosum), eine nordamerikanische Verwandte, die gezüchtet wurde, um größer, robuster und transportfreund-

licher zu sein. Sie ist außen blau, aber innen hell – eine Art Blaubeere mit Tarnfarbe. Die echte heimische Waldheidelbeere, also Vaccinium myrtillus, ist durch und durch blauviolett und hinterlässt deutliche Spuren auf Zunge, Fingern – und nicht selten – auch auf Kleidungsstücken oder Zahnbürsten.
Diese Färbekraft ist übrigens nicht einfach nur ärgerlich an weißen T-Shirts, sondern ein Hinweis auf ihren hohen Anthocyangehalt. Diese sekundären Pflanzenstoffe gehören zur Gruppe der Flavonoide und sind bekannt für ihre antioxidativen Eigenschaften. Anders gesagt: Heidelbeeren sind so etwas wie die natürlichen Bodyguards unserer Zellen. Sie fangen freie Radikale ab, die sonst fröhlich unsere DNA belagern würden, und wirken entzündungshemmend, gefäßschützend und immunstärkend. Das rechtfertigt fast den hohen Preis der Bio-Wildheidelbeeren im Reformhaus.
Heidelbeeren können auch bei Durchfall helfen. Nicht weil sie Stoppschilder malen, sondern weil sie Gerbstoffe enthalten, die entzündungshemmend auf die Darmschleimhaut wirken. Getrocknet, aufgekocht und langsam gekaut oder als Tee getrunken, wirken sie wie eine pflanzliche Magen-Darm-Rettung – ganz ohne Nebenwirkungen. Wenn es also das nächste Mal brenzlig wird: Heidelbeertee kann helfen. Stilvoller als Imodium – und farbenfroher.
Auch militärhistorisch ist die Heidelbeere prominent: Britische Bomberpiloten sollen im Zweiten Weltkrieg regelmäßig Heidelbeermarmelade gegessen haben, um ihre Nachtsicht zu verbessern. Das ist zwar nie eindeutig bewiesen worden, aber der Mythos hält sich hartnäckig.

Achtung

Beim Sammeln wild wachsender Beeren immer sicher sein, welche Pflanze man vor sich hat! Gerade Heidelbeeren und Rauschbeeren wachsen oft im gleichen Habitat. Verwechslungen können unangenehme oder gefährliche Folgen haben.

1
2
3

Breitwegerich • Mittlerer Wegerich • Spitzwegerich

Plantago major
Plantago media
Plantago lanceolata

Alle drei gehören zur Familie der Wegerichgewächse und sind auf vielen Wegen und Wiesen zu Hause. Der Breitwegerich, der Mittlere Wegerich und der Spitzwegerich sind besonders in Europa verbreitet. Sie sind leicht zu erkennen und bieten einen enormen Nutzen in der Naturheilkunde. Doch trotz der ähnlichen Namen gibt es Unterschiede in Aussehen, Wirkung und Verwendung, die es wert sind, genauer unter die Lupe genommen zu werden.

1. Breitwegerich
2. Mittlerer Wegerich
3. Spitzwegerich

Erkennungsmerkmale

Blätter

Breitwegerich

- breit-oval bis rundlich
- mit fünf bis neun markanten, parallelen Blattnerven, die sich wie Adern durch das Laub ziehen
- liegen flach am Boden, bilden bodennahe Rosette

Mittlerer Wegerich

- oval bis elliptisch
- meist etwas dicker und leicht behaart, mit ebenfalls fünf bis sieben Nerven
- Rosette nicht ganz so flach wie beim Breitwegerich, sondern leicht aufgerichtet
- typisches Merkmal: Blattunterseite oft filzig behaart, samtiges Aussehen

Spitzwegerich

- schmal-lanzettlich, fast wie ein Schwert, mit nur drei bis fünf Blattnerven
- wachsen aufrecht aus der Rosette, glatt bis leicht lederartig
- Blattrand meist glatt

Blüten

Breitwegerich

- Blütenähren kurz und dick, sitzen auf stielartigem, festem Schaft, wirken fast wie Mini-Maiskolben
- Blüten selbst eher unauffällig
- grünlich bis bräunlich mit kleinen, weißen Staubblättern
- bedecken meist fast zwei Drittel des Stängels

Mittlerer Wegerich

- besonders kurzer, aber dicker Blütenstand, sieht oft wie ein kleiner Zylinder aus
- blassrosa bis lila angehaucht
- stehen dichter als bei den anderen Arten
- Blütenstiele oft leicht behaart, bis zu 30 cm hoch

Spitzwegerich

- Blütenstand lang und schlank, oft bis zu 40 cm hoch
- Ähre walzenförmig, die winzigen Blüten sitzen locker verteilt daran
- deutlich sichtbare, weißlich hervorstehende Staubblätter
- „fransiges“ Aussehen
- insgesamt auffälligste Blüte dieser drei Wegericharten

Wuchsform

Breitwegerich
- insgesamt eher niedrig
- Blattrosette flach am Boden
- Blütenstängel selten höher als 20–25 cm

Mittlerer Wegerich
- etwas höher
- Blätter und Blütenstiele zusammen bis zu 30 cm hoch

Spitzwegerich
- Rekordhalter unter den dreien
- Blütenstängel bis zu 40–50 cm hoch
- wirkt im Wiesenbild oft wie ein schlanker Grashalm mit Blütenspitze

Volks- und Naturheilkunde

Obwohl sie oft übersehen oder als „Unkraut“ abgestempelt werden, tragen alle drei Pflanzen eine beeindruckende Palette an heilenden Eigenschaften in sich. Besonders

Breitwegerich

Mittlerer Wegerich

Spitzwegerich

bei Hautproblemen, Husten, Insektenstichen und kleinen Verletzungen gelten sie als wahre Wunderkräuter – und das ganz ohne Nebenwirkungen.

Breitwegerich

Der Breitwegerich ist die robuste Variante der Familie. Seine runden, bodennah wachsenden Blätter trotzen jedem Fußabdruck – und genau diese Widerstandskraft können seine Inhaltsstoffe weitergeben. Es handelt sich um Schleimstoffe, Gerbstoffe, Aucubin, Flavonoide und Saponine, die ihre Wirkung mehr bei äußerer denn bei innerer Anwendung entfalten. Besonders bei Abschürfungen, Insektenstichen und entzündeten Hautstellen ist Breitwegerich ein bewährtes Notfallkraut. Wanderer kennen das vielleicht: Einfach ein frisches Breitwegerich-Blatt zerdrücken und auf den Stich oder die Blase legen – der Schmerz lässt meist schnell nach. Der Breitwegerich besitzt darüber hinaus entzündungshemmende und leicht antibakterielle Eigenschaften. In der traditionellen Heilkunde wurde er auch bei Verdauungsbeschwerden und Durchfall eingesetzt, wobei der Spitzwegerich hier meist die erste Wahl ist. Aufgrund seines höheren Gehalts an Gerbstoffen wirkt er besonders adstringierend – was auch bei entzündetem Zahnfleisch oder kleinen Schleimhautverletzungen hilfreich sein kann.

Mittlerer Wegerich

Der Mittlere Wegerich steht oft im Schatten seiner beiden prominenten Verwandten – zu Unrecht. Mit seinen ovalen, weich behaarten Blättern und seiner samtigen Oberfläche bringt er eine besondere Komponente mit in die Wegerich-Familie. Seine Inhaltsstoffe ähneln denen der anderen beiden: Schleimstoffe, Gerbstoffe, Aucubin, Flavonoide und Mineralstoffe wie Zink und Kalium machen ihn zu einem milden, aber wirkungsvollen Heilkraut.
Besonders geschätzt wird der Mittlere Wegerich bei empfindlicher Haut und Schleimhaut. Seine Wirkung ist sanfter, aber nicht weniger effektiv. In der Volksmedizin wurde er gerne bei Kindern eingesetzt – etwa bei leichtem Husten, Reizhusten oder zur Wundpflege. Seine hautberuhigenden Eigenschaften machen ihn zu einer guten Wahl bei leichten Verbrennungen, Sonnenbrand oder Windeldermatitis. Auch bei Juckreiz, etwa durch Brennnesseln oder Insektenstiche, bringt ein Breiumschlag aus den Blättern oft schnelle Linderung.

Spitzwegerich

Der Spitzwegerich ist wohl der bekannteste unter den drei Brüdern. Seine schmalen, lanzenförmigen Blätter sind reich an Schleimstoffen, Gerbstoffen, Aucubin, Flavonoiden und Kieselsäure. In der Volksmedizin wird er vor allem bei Husten, Heiserkeit und Reizhusten eingesetzt. Seine schleimlösenden und reizlindernden Eigenschaften machen ihn zum idealen Mittel bei Atemwegserkrankungen. Äußerlich angewendet – als frischer Quetschverband, Salbe oder Tinktur – hilft er bei Insektenstichen, leichten Verbrennungen, kleinen Wunden und Abschürfungen. Die im Pflanzensaft enthaltenen antibakteriellen Wirkstoffe fördern die Wundheilung und beruhigen die Haut. Sogar bei Neurodermitis oder Ekzemen wird Spitzwegerich äußerlich unterstützend verwendet.
Ein Tee aus den frischen oder getrockneten Blättern beruhigt gereizte Schleimhäute und

wirkt gleichzeitig entzündungshemmend. Auch ein selbst gemachter Hustensirup – hergestellt durch das Einlegen der frischen Blätter in Honig – ist ein altbewährtes Hausmittel bei Bronchitis.

Klugscheißerwissen

Welcher Inhaltsstoff macht die Wegeriche so besonders?

Vor allem der Spitzwegerich wird wegen eines Inhaltsstoffs besonders geschätzt: Aucubin. Dieses Iridoid-Glykosid kommt in mehreren Wegericharten vor und spielt eine wichtige Rolle in der Pflanzenabwehr. Und so wirkt Aucubin:

Entzündungshemmend: Aucubin hemmt entzündungsfördernde Substanzen wie Prostaglandine und Zytokine. Es hilft innerlich wie äußerlich bei Entzündungen, Wunden und Verbrennungen und unterstützt die Regeneration geschädigter Gewebe. Aucubinhaltige Salben und Cremes werden in der Wundheilung und Hautpflege eingesetzt, um Hautirritationen zu lindern und die Regeneration von Hautzellen zu fördern.

Antibakteriell: Es wirkt gegen Bakterien wie Staphylococcus aureus und Escherichia coli, leistet also wertvolle Dienste bei der Wundheilung und Infektionsprophylaxe. Auch bei kleineren Hautverletzungen kann es das Eindringen von Keimen verhindern.

Hustenlindernd: Aucubin löst Schleim in den Atemwegen und erleichtert das Abhusten, deshalb finden sich auch in den Tee- und Sirupmischungen gegen die Symptome bei Atemwegsinfekten immer auch Wegeriche.

Leber- und Nierenschutz: Studien zeigen zellschützende Effekte durch antioxidative Eigenschaften, die Organe vor schädlichen Einflüssen bewahren können. Es wird vermutet, dass Aucubin nicht nur entzündliche Reaktionen in Leber und Nieren reduziert, sondern auch bei der Vorbeugung chronischer Erkrankungen eine Rolle spielt.

Achtung

Die drei Wegericharten sind in der Regel gut verträglich, aber bei Allergien gegen Pflanzen aus der Familie der Plantaginaceae kann eine allergische Reaktion auftreten. Auch bei der Anwendung während der Schwangerschaft oder bei bestimmten Vorerkrankungen sollte man vorsichtig sein und gegebenenfalls ärztlichen Rat einholen.

1
2

Wiesen-Bocksbart • Arnika

Tragopogon pratensis
Arnica montana

Der Wiesen-Bocksbart und die Arnika sind zwei auffällige Wildpflanzen, die auf den ersten Blick durch ihre gelben Blüten an Löwenzahn erinnern – und sich gelegentlich sogar gegenseitig in freier Wildbahn die Schau stehlen. Beide Pflanzen tragen leuchtend gelbe Blüten, doch ihre Unterschiede liegen im Detail. Der eine ist ein zarter Milchsaftspender aus der Familie der Korbblütler, die andere eine seit Jahrhunderten geschätzte Arzneipflanze mit markanter Geschichte und begrenztem Vorkommen in alpinen Lagen.

1 Wiesen-Bocksbart

2 Arnika

Erkennungsmerkmale

Blätter

Wiesen-Bocksbart

- wenige
- lang, linealisch, grasähnlich schmal und zugespitzt
- meist ungeteilt und ohne erkennbare Mittelrippe
- zart und elegant, fast wie Grashalme
- hellgrün

Arnika

- länglich, eiförmig, deutlich robuster, beidseitig behaart
- ausgeprägte Nervatur
- grundständig, in Rosetten angeordnet
- obere Blätter gegenständig direkt am Stängel
- Struktur fleischiger und derber

Blüten

Wer auf der Wiese eine große gelbe Blüte sieht, die sich zur Mittagszeit schließt, hat es vermutlich mit dem Wiesen-Bocksbart zu tun. Bleibt die Blüte auch am Nachmittag offen und duftet dabei würzig, könnte es eine Arnika sein.

Wiesen-Bocksbart

- große, strahlenförmige Blütenköpfe
- lange, schmale Zungenblüten
- Zungenblüten öffnen sich morgens und schließen sich meist gegen Mittag, daher der Volksname „Morgenstern"
- auffällige Hülle aus schmalen Hüllblättern überragt die Zungenblüten meist deutlich, was die Pflanze vom Löwenzahn unterscheidet

Arnika

- mehr strahlenförmig gegliedert
- rund 10–15 Zungenblüten, stehen um Zentrum aus Röhrenblüten
- Blütenstand einzeln oder zu zweit an der Spitze des Stängels
- duftet würzig-aromatisch

Früchte

Wiesen-Bocksbart

- bildet auffällige, kugelrunde Samenstände
- vergleichbar mit den bekannten Pusteblumen des Löwenzahns, aber viel größer und luftiger
- mit langem, fedrigem Haarkranz, der wie ein Fallschirm funktioniert

Arnika

- bildet typische Achänen (Schließfrüchte) mit einem kurzen Federkelch
- Aussehen weniger spektakulär

Volks- und Naturheilkunde

Wiesen-Bocksbart

Der Wiesen-Bocksbart wurde früher als Wildgemüse geschätzt. Die jungen Blätter

Wiesen-Bocksbart

Arnika

wurden wie Spinat zubereitet, die Wurzeln roh oder gekocht gegessen – sie erinnern leicht an Schwarzwurzeln. In der Naturheilkunde wird er nur selten verwendet, doch in manchen alten Kräuterbüchern wird ihm eine verdauungsfördernde und leicht harntreibende Wirkung nachgesagt. Auch bei Milzleiden und Gelbsucht kam er einst zur Anwendung, findet aber heute in der Pflanzenheilkunde kaum mehr Beachtung.

Arnika

Arnika ist eine der berühmtesten Heilpflanzen Europas – allerdings nur zur äußerlichen Anwendung! Arnika innerlich einzunehmen, kann bei empfindlichen Personen zu Vergiftungserscheinungen führen. Nur homöopathische Zubereitungen sind für den inneren Gebrauch geeignet! Hautreizungen oder allergische Reaktionen sind möglich – vor allem bei Menschen mit Korbblütler-Allergien. In der traditionellen Heilkunde galt Arnika lange als „Fallkraut", also als Heilpflanze bei allem, was durch Stürze, Schläge oder Unfälle hervorgerufen wird. Sogar bei Gehirnerschütterungen und inneren Blutungen wurde sie äußerlich aufgelegt oder in homöopathischer Verdünnung verabreicht. Auch rheumatische Beschwerden, neuralgische Schmerzen oder entzündete Gelenke wurden früher mit Arnika behandelt – stets mit Respekt vor ihrer starken Wirkung.
Ihre stark entzündungshemmenden, durchblutungsfördernden und schmerzlindernden Eigenschaften verdankt die Arnika ihren spezifischen Inhaltsstoffen, allen voran den Sesquiterpenlactonen. Dazu kommen ätherische Öle, Flavonoide und Triterpene und der hochwirksame Stoff Helenalin. Bei Prellungen, Verstauchungen, Blutergüssen oder müden Wanderfüßen hilft eine Arnikasalbe oft besser als jedes synthetische Präparat. Auch nach Insektenstichen oder bei der Pflege beanspruchter Muskeln hat sie sich bewährt. Der Klassiker ist die Arnikatinktur – verdünnt mit Wasser als Umschlag oder Einreibung. In der Homöopathie ist sie das Mittel der Wahl bei allen Arten von Verletzungen.

Klugscheißerwissen

Arnika – die empfindliche Diva der Bergwiesen

Die Echte Arnika (Arnica montana) gehört zur Familie der Korbblütler und man erkennt sie schon von Weitem an ihren leuchtend gelben Zungenblüten, die wie kleine Sonnen aus der Wiese strahlen. Sie blüht in der Regel von Juni bis August, bevorzugt Höhenlagen über 800 Meter und liebt die Einsamkeit – sie tritt selten in größeren Gruppen auf. Die Pflanze ist mehrjährig, wächst jedoch sehr langsam und reagiert empfindlich auf Störung – ein Grund, warum sie so stark gefährdet ist. Die Arnika liebt nährstoffarme, saure Böden und ist empfindlich gegenüber Düngung und Trittschäden. In vielen Regionen steht sie unter Naturschutz und darf nicht gesammelt werden. Ihre auffällige Blüte wurde früher mit der Kraft der Sonne in Verbindung gebracht und wurde als pflanzliches Amulett gegen Blitzschlag und Unglück getragen.

Da die intensive Landwirtschaft, Entwässerung von Feuchtwiesen und Überweidung eine Bedrohung für die Wildpflanze darstellen, gibt es mittlerweile zahlreiche Projekte zur Kultivierung. Auch in den Alpen wird sie wieder vermehrt angebaut, um die Nachfrage nach naturheilkundlichen Produkten zu decken, ohne die Wildvorkommen zu gefährden.
Arnika ist wie eine temperamentvolle Operndiva: wunderschön, wirkungsvoll – aber bitte mit Vorsicht zu genießen! Wer sie respektvoll behandelt, bekommt mit ihr eine beeindruckende pflanzliche Helferin bei Verletzungen und Schmerzen.

Achtung

Während der Wiesen-Bocksbart harmlos ist und sogar in die Küche darf, ist bei Arnika Vorsicht geboten. Die äußerliche Anwendung ist bewährt, innerlich jedoch riskant – außer in homöopathischer Form. Und: Arnika steht unter Naturschutz – also bitte nur kultivierte Pflanzen oder Präparate aus der Apotheke verwenden.

Giftige und problematische Pflanzen

1

2

Weißer Germer • Gelber Enzian

Veratrum album
Gentiana lutea

Der Weiße Germer gehört zur Familie der Germergewächse (Melanthiaceae), während der Gelbe Enzian zu den Enziangewächsen (Gentianaceae) zählt. Botanisch sind sie also nicht verwandt. Der Germer enthält stark giftige Alkaloide, die bereits in kleinen Mengen tödlich sein können. Der Enzian hingegen ist ungiftig und wird aufgrund seiner bitterstoffreichen Wurzel als Heilpflanze verwendet. Beide wachsen häufig in denselben alpinen Regionen und können leicht verwechselt werden. Wer Enzianwurzeln sammeln möchte, sollte daher unbedingt die Unterschiede kennen.

Eselsbrücke

Um mir zu merken, welche Pflanze die Blätter gegenständig oder wechselständig trägt, achte ich einfach auf die Anfangsbuchstaben der Namen:
Weißer Germer = wechselnd: Die Blätter sind versetzt angeordnet. Mit seinen spiralig angeordneten Blättern wirkt er wilder und chaotischer.
Gelber Enzian = gegenständig: Die Blätter stehen sich paarweise gegenüber und ergeben ein recht symmetrische Bild. Merksatz: „Germer ist der Rebell, Enzian bleibt nobel!."

1 Weißer Germer
2 Gelber Enzian

Erkennungsmerkmale

Blätter

Die Blätter sind der Hauptgrund für Verwechslungen, da beide Pflanzen große, lanzettliche Blätter mit deutlicher Nervatur haben. Der wichtigste Unterschied liegt in ihrer Anordnung. Beim Weißen Germer wachsen die Blätter versetzt, beim Gelben Enzian immer paarweise.

Weißer Germer

- wechselständig
- überlappen sich leicht, spiraliges Aussehen

Gelber Enzian

- gegenständig

Weißer Germer

Gelber Enzian

Blüten

Weißer Germer
- dicht, rispenartig
- zahlreich, klein, grünlich-weiß
- Blütezeit von Juli bis August

Gelber Enzian
- groß, leuchtend gelb
- in Quirlen entlang des Stängels angeordnet
- Blütezeit von Juni bis August

Wurzel

Weißer Germer
- dunkelbraun, knollig
- kann bereits in geringen Mengen tödlich sein

Gelber Enzian
- dick, gelbbraun mit intensiv bitterem Geschmack
- ungiftig, wird in der Naturheilkunde genutzt

Weißer Germer

Gelber Enzian

Volks- und Naturheilkunde

Während der Gelbe Enzian bis heute wegen seiner Bitterstoffe geschätzt wird, ist der Weiße Germer wegen seiner starken Giftigkeit kaum noch in Gebrauch.

Weißer Germer

Er wurde in der traditionellen Medizin früher trotz seiner extremen Giftigkeit verwendet. Seine Wurzel enthält hochwirksame Alkaloide, darunter Veratrin und Protoveratrin, die auf das Nervensystem wirken. Frühere Anwendungen in der Volksmedizin:

- Mittel gegen Parasiten: In kleinen Mengen wurde Germerwurzelpulver als Insektizid und gegen Läuse genutzt.
- Mittel bei Schmerzen und Fieber: In der Antike und im Mittelalter wurde er vereinzelt gegen starke Schmerzen und hohes Fieber eingesetzt.
- Brech- und Abführmittel: Aufgrund seiner toxischen Wirkung rief er Erbrechen und Durchfall hervor und wurde zur „Entgiftung" genutzt.
- Blutdrucksenker: In winzigen Dosen beeinflussen die Alkaloide den Kreislauf und senken den Blutdruck – wegen der geringen therapeutischen Breite ist dies aber extrem riskant.

Gelber Enzian

Der Gelbe Enzian ist eine der bekanntesten Bitterstoffpflanzen Europas. Seine Wurzel enthält Bitterstoffe wie Amarogentin, die die Verdauung fördern und den Appetit anregen. In der Volksmedizin wurde der Enzian traditionell bei Magen-Darm-Beschwerden, Fieber und allgemeiner Schwäche eingesetzt. Ein Tee aus der Wurzel fördert die Verdauung und lindert Beschwerden wie Blähungen, Völlegefühl oder Appetitlosigkeit oder auch Schwäche. Da allerdings der Enzian extrem viele Bitterstoffe enthält, kann das Trinken einer ganzen Tasse Tee schon eine große Herausforderung sein. Um das zu umgehen, kann auch auf eine Tinktur zurückgegriffen werden. Diese ist besonders wirksam, da die Bitterstoffe in Alkohol gut löslich sind. Auch bei Sodbrennen oder Magenschwäche wird Enzian als natürliches Heilmittel verwendet. In der traditionellen Heilkunde wurde der Gelbe Enzian zur allgemeinen Stärkung nach Krankheiten, bei Müdigkeit oder Erschöpfung und zur Unterstützung der Abwehr verabreicht. Die Volksmedizin setzte Enzian früher zur Fiebersenkung und wegen seiner entzündungshemmenden Eigenschaften auch bei Erkältungen und Infekten ein.

Klugscheißerwissen

Warum steht der Enzian unter Naturschutz?

Der Enzian gilt als Symbol der Alpen. Besonders der Gelbe Enzian (Gentiana lutea) ist jedoch durch den Menschen bedroht. Wie kam es dazu, dass der Enzian sich heute so rar macht? Hier einige Gründe:

1. Übermäßige Nutzung als Heilpflanze:
Der Gelbe Enzian wird seit Jahrhunderten für seine Bitterstoffe geschätzt, die in der Naturheilkunde und zur Herstellung von Magenbitter und Enzianschnaps genutzt werden. Früher wurden große Mengen an Wurzeln gesammelt, wodurch die Bestände stark zurückgingen.
2. Langsames Wachstum:
Der Gelbe Enzian braucht bis zu zehn Jahre, um erstmals zu blühen. Wird die Wurzel geerntet, stirbt die Pflanze, da sie sich nicht regenerieren kann.
3. Zerstörung des Lebensraums:
Viele Enzianarten wachsen auf Almwiesen, Weiden und in Hochmooren. Durch Straßenbau, Skipisten und intensivere Landwirtschaft verschwinden ihre natürlichen Standorte zunehmend.
4. Klimawandel:
Durch steigende Temperaturen wandert der Enzian in höhere Lagen – bis irgendwann kein Lebensraum mehr bleibt.

Wer entscheidet, ob eine Pflanze unter Naturschutz steht?

Wissenschaftler bewerten die Bedrohungslage und geben Empfehlungen. Auf dieser Grundlage entscheiden Organisationen und Regierungen über Schutzmaßnahmen. Die wichtigste globale Organisation ist die IUCN (International Union for Conservation of Nature). Sie erstellt die Rote Liste gefährdeter Arten, die als Basis für internationalen Pflanzenschutz dient. Es gibt verschiedene Schutzstufen:

- Strenger Schutz: Die Pflanze darf nicht gepflückt und auch nicht ausgegraben werden.
- Teilweiser Schutz: Das Sammeln bzw. Pflücken kleiner Mengen ist erlaubt.
- Handelsverbot: Verkauf oder Handel sind verboten.

Achtung

Immer wieder kommt es zu schweren Vergiftungen, weil Sammler*innen den Weißen Germer mit dem Gelben Enzian verwechseln. Besonders gefährlich ist die falsche Nutzung der Wurzel, da der Germer selbst in kleinen Mengen tödlich wirken kann. Wichtig: Beim Enzian sind die Blätter gegenständig, beim Germer wechselständig. Zudem sind die Blüten des Gelben Enzians immer gelb, während die des Weißen Germers grünlich-weiß sind.

1
2

Wiesen-Kerbel • Hundspetersilie

Anthryscus sylvestris
Aethusa cynapium

Der Wiesen-Kerbel und die Hundspetersilie gehören zur Familie der Doldenblütler (Apiaceae). Somit sind sie mit der Wilden Möhre, dem Fenchel und der Petersilie verwandt. Sie sehen sich auf den ersten Blick sehr ähnlich, besonders während der Blütezeit mit ihren weißen Doldenblüten. Während der Wiesen-Kerbel eine harmlose Wiesenpflanze ist, ist die Hundspetersilie besonders giftig. Eine sichere Unterscheidung ist daher wichtig, um Vergiftungen zu vermeiden.

1 Wiesen-Kerbel

2 Hundspetersilie

Erkennungsmerkmale

Blätter

Wiesen-Kerbel

- fein gefiedert, weich und hell- bis mittelgrün
- ähneln Karottenblättern

Hundspetersilie

- stark glänzend, dunkelgrün
- ähneln glatter Petersilie
- wirken fester und ledriger

Blüten

Wiesen-Kerbel

- kleine, weiße Dolden
- Blütezeit von April bis Juni
- zart und filigran

Hundspetersilie

- ebenfalls weiße Dolden
- Blütezeit zwischen Juni und September
- äußerste Hüllblätter meist nach unten gebogen (wichtiges Erkennungsmerkmal)

Stängel

Wiesen-Kerbel

- meist grün
- kann leicht behaart sein, fühlt sich weich an
- hohl, aber stabil

Hundspetersilie

- glatt, kahl und oft glänzend
- dünner und biegsamer
- ebenfalls hohl, aber insgesamt dünner und schwächer

Hundspetersilie: Detail

Geruch

Wiesen-Kerbel
- angenehm, würzig, erinnert an Karottenkraut

Hundspetersilie
- sehr unangenehm, scharf, oft als „urinartig" beschrieben

Standort und Vorkommen

Wiesen-Kerbel
- Wiesen, Wegränder und Gebüsche
- bevorzugt an sonnigen bis halbschattigen Standorten

Hundspetersilie
- Gärten, Äcker, Wegränder
- bevorzugt auf nährstoffreichen, lockeren Böden

Wiesen-Kerbel

Hundspetersilie

Volks- und Naturheilkunde

Während der Wiesen-Kerbel als mildes Heilmittel gilt, ist bei der Hundspetersilie höchste Vorsicht geboten. Wer auf Nummer sicher gehen will, verzichtet lieber ganz auf beide. Es gibt viele unbedenklichere Alternativen mit ähnlicher Wirkung, etwa Fenchel, Kümmel oder Schafgarbe.

Wiesen-Kerbel

Er gilt als mildes Verdauungsmittel, das Blähungen lindert, den Appetit anregt und bei Magen-Darm-Beschwerden hilft. Seine ätherischen Öle, Flavonoide und Bitterstoffe wirken verdauungsfördernd und leicht beruhigend. Furocumarine können allerdings bei äußerer Anwendung die Haut lichtempfindlich machen. Verwendet wurde er meist als Tee oder Umschlag. Junge Blätter wurden früher auch in Wildkräutersuppen oder Frühjahrskuren verwendet – allerdings immer bei sicherer Bestimmung!

Hundspetersilie

Die Hundspetersilie hingegen ist hochgiftig und wurde nie als Heilpflanze genutzt. Sie enthält Alkaloide wie Aethusin, die bereits in kleinsten Mengen zu Krämpfen, Erbrechen, Atemnot und tödlichen Vergiftungen führen können. Schon der Kontakt mit frischen Pflanzenteilen kann gefährlich sein. Eine Verwechslung mit Petersilie oder Kerbel ist lebensbedrohlich!

Klugscheißerwissen

Die Welt der Doldenblütler

Die Doldenblütler sind eine vielfältige und weit verbreitete Pflanzenfamilie, die weltweit mehr als 3.000 Arten umfasst. Ihre charakteristischen Doldenblüten und die aromatischen Samen verschaffen ihr nicht nur in der Medizin, sondern auch in der Küche und Natur vieler Kulturen einen wichtigen Platz. Zu ihnen gehören sowohl harmlose, essbare Kräuter als auch gefährliche Giftpflanzen.

Dolde

Ein markantes Merkmal der Doldenblütler ist ihr Blütenstand, den man „Dolde" nennt. Darunter versteht man einen blütentragenden Stängel, bei dem alle Blüten in etwa gleicher Länge von einem gemeinsamen Punkt ausgehen, was den Eindruck einer flachen oder runden Form erzeugt. Eine einzelne Dolde besteht aus vielen einzelnen kleinen Blüten. Ihren botanischen Namen „Apiaceae" verdanken die Doldenblütler nicht wie ihren deutschen Namen der Blütenform, sondern der Selleriepflanze, botanisch Apium, die ebenfalls zur Sippschaft gehört.

Blüten

Die Blüten der Doldenblütler sind häufig weiß oder gelb, obwohl es auch einige Arten mit roten oder lila Blüten gibt. Diese Blüten sind klein und haben oft fünf Blütenblätter, die in einem kreuzartigen Muster angeordnet sind. Die Struktur der Blüten kann einfach oder auch fein, fast filigran wirken. Die Dolden besitzen auch eine wunderschöne Symmetrie, die sie besonders attraktiv für Bestäuber wie Bienen und Schmetterlinge macht.

Blätter und Stängel

Die Blätter der Doldenblütler sind meistens fiedrig oder gefiedert und grün, können aber bei einigen Arten auch rötliche oder purpurfarbene Töne annehmen. Bei vielen Arten sind sie aromatisch, was sie für kulinarische Anwendungen oder für die Herstellung von Kräutermischungen wertvoll macht. Die Stängel der Doldenblütler sind oft hohl und enthalten eine Vielzahl von sekundären Pflanzenstoffen und ätherischen Ölen. Diese können für die Pflanzen entweder als Schutzmechanismus gegen Fressfeinde oder zur Unterstützung der Bestäubung dienen. Der hohle Stängel der Doldenblütler hat nicht nur einen funktionalen Nutzen für die Pflanze, sondern wird in der Geschichte der Botanik auch als ein Symbol für die Leichtigkeit und Ästhetik dieser Pflanzen betrachtet. Er hat es manchen Doldenblütlern ermöglicht, sogar in besonders trockenen und steinigen Umgebungen zu überleben, da der Hohlraum hilft, die Wasserverdunstung zu reduzieren.

Früchte und Samen

Die Früchte der Doldenblütler sind in der Regel Spaltfrüchte. Das bedeutet, dass die Frucht aus mehreren Teilen besteht, die sich beim Reifen in einzelne, oft glatte, kleine Samen aufspalten. Die Samen der Doldenblütler sind häufig aromatisch und enthalten ätherische Öle, die die Pflanzen für Tiere oder Insekten attraktiv machen. Zum Beispiel wird Koriander wegen seines angenehmen Duftes geschätzt und die Samen des Fenchels gehören vielerorts zur kulinarischen Tradition. Einige Doldenblütler wie der Kümmel (Carum carvi) lassen sich raffiniert dadurch verbreiten, dass ihre Samen nach der Reifung von Tieren gefressen und dann mit dem Kot an entfernteren Orten wieder ausgeschieden werden.

Heilpflanzen und Giftpflanzen

Bekannte Doldenblütler mit Heilwirkung sind der Fenchel (Foeniculum vulgare), die Petersilie (Petroselinum crispum) und der Wiesen-Kerbel (Anthriscus sylvestris). Im Gegensatz dazu sind der Gefleckte Schierling (Conium maculatum) und der Taumel-Kälberkropf (Chaerophyllum temulum) hochgiftig. Besonders der Gefleckte Schierling ist berüchtigt für seine Verwendung als Hinrichtungsdroge im antiken Griechenland, man denke nur an den berühmten Philosophen Sokrates.

Achtung

Wer sich bei der Unterscheidung dieser Pflanzen bzw. der Doldenblütler nicht sicher ist, sollte die Finger davon lassen. Es gibt Pflanzen und Kräuter mit weitaus mehr Heilkräften und geringerer Verwechslungsgefahr.

1

2

Echter Wurmfarn • Adlerfarn

Dryopteris filix-mas
Pteridium aquilinum

Beide Pflanzen gehören zur großen Gruppe der Farne. Auch wenn sie auf den ersten Blick ähnlich wirken – mit ihren gefiederten, sattgrünen Wedeln und ihrem bevorzugten Lebensraum im Wald –, sind sie botanisch nicht eng miteinander verwandt. Der Wurmfarn zählt zu den Wurmfarngewächsen, während der Adlerfarn eine eigene Familie, die der Adlerfarngewächse, bildet. Ihre Unterscheidung erfordert ein genaues Auge, vor allem im Frühling, wenn nur die jungen Wedel aus dem Boden treiben.

1 Echter Wurmfarn

2 Adlerfarn

Erkennungsmerkmale

Blätter

Echter Wurmfarn

- rosettenartig angeordnet, in dicht stehenden Wedeln
- Wedel bestehen aus aufrechter, kräftiger Mittelachse
- Blattfiedern regelmäßig angeordnet, deutlich gesägt
- insgesamt kompakt und gefächert
- zweifach gefiedert

Adlerfarn

- deutlich größere, dreieckige Wedel
- Wedel können bis zu 2 m lang werden
- Blattfiedern locker angeordnet
- luftigere Wirkung, weiter ausgebreitet
- dreifach gefiedert

Wuchsform

Echter Wurmfarn

- wächst aus einem unterirdischen Rhizom
- kompakte Blattrosette
- eher gedrungen und buschig

Adlerfarn

- wächst aus langen, kriechenden Rhizomen
- kann ganze Flächen überwuchern
- luftige Wirkung, hoch und ausladend

Stängel

Echter Wurmfarn

- kurz, fest und leicht beschuppt

Adlerfarn

- hoch aufgerichtet, unverzweigt
- bis zu über 1 m lang

Sporen

Echter Wurmfarn

- Sporenlager (Sori) auf der Rückseite der Blattunterseiten, nah an der Mittelrippe, in runden Gruppen
- oft von einem häutigen Schleierchen (Indusium) bedeckt

Adlerfarn

- Sporenstreifen als geschlossener Saum entlang des Blattrands
- Blattrand häufig von der umgerollten Blattkante geschützt

Standort und Vorkommen

Echter Wurmfarn

- bevorzugt an feuchten, halbschattigen Standorten
- oft in Laub- und Mischwäldern
- nur langsame Ausbreitung

Adlerfarn

- liebt lichtdurchflutete Waldränder, Lichtungen und Böschungen
- kann durch kräftiges Rhizom ganze Flächen überwuchern

Volks- und Naturheilkunde

Trotz ihrer oft imposanten Erscheinung werden beide Farne in der modernen Kräuterkunde eher selten genutzt – unter anderem wegen ihrer potenziell giftigen Inhaltsstoffe. Dennoch waren beide Pflanzen früher wichtige Helfer in Haus, Stall und Garten. Ihre Nutzung erfordert Achtsamkeit und Respekt.

Echter Wurmfarn

Adlerfarn

Wurmfarn

Wie der Name bereits verrät, wurde der Wurmfarn vor allem gegen Darmparasiten eingesetzt. Die Wurzel (Rhizom) enthält Filicin, einen bitteren Wirkstoff, der in höheren Dosen giftig ist, in der richtigen Dosierung jedoch eine lähmende Wirkung auf Bandwürmer entfalten kann. In der Volksheilkunde wurde aus dem Rhizom ein Sud oder ein Pulver hergestellt, das vor allem bei Menschen und Tieren mit Wurmbefall zum Einsatz kam. Nach der Einnahme wurde ein Abführmittel verabreicht, um die gelähmten Würmer auszuleiten. Aufgrund der toxischen Wirkung (vor allem auf Leber und Nervensystem) ist die innere Anwendung heute nicht mehr empfohlen.
Äußerlich wurde Wurmfarn auch gegen Rheuma, Gliederschmerzen und Hautprobleme verwendet. Umschläge mit Farnblättern galten als kühlend, schmerzlindernd und abschwellend. Man legte die frischen Wedel in die Schuhe oder unter die Matratze, was gegen „kalte Füße“ oder Rückenschmerzen wirken sollte – ein anschauliches Beispiel traditioneller Pflanzenmagie.

Adlerfarn

Auch der Adlerfarn wurde in der Volksheilkunde verwendet, obwohl er noch stärker giftige Substanzen enthält – insbesondere Ptaquilosid, einen krebserregenden und genotoxischen Stoff. Früher verwendete man seine jungen Triebe für medizinische Zwecke, z. B. bei Hautausschlägen, Durchfall oder zur Anregung der Menstruation. In manchen Regionen wurden die jungen Sprosse sogar gekocht gegessen – wovon heute aufgrund der enthaltenen Gifte dringend abzuraten ist.

Der Adlerfarn galt zudem als Schutzpflanze gegen Hexerei und Dämonen. In Hausfluren oder Stallungen aufgehängt, sollte er Unheil fernhalten. Ebenso wie der Wurmfarn wurde er zum Auslegen in Tierställen oder als Einstreu verwendet, um Ungeziefer fernzuhalten – eine Funktion, die auf die in beiden Farnarten enthaltenen gerbenden und insektiziden Stoffe zurückgeführt wird.

Klugscheißerwissen

Farnjauche – die stinkende Superkraft

Was stinkt wie die Hölle, sieht aus wie Moorwasser und ist gleichzeitig ein absoluter Segen für den Garten? Richtig: Pflanzenjauche! Sie ist ein echtes Supermittel – ökologisch, billig, effektiv. Und aus Farnen wie Wurmfarn und Adlerfarn wird sie sogar zur geheimen Biowaffe gegen Blattläuse und Co.
Warum ausgerechnet Farn? Wurmfarn und Adlerfarn gehören zu den Urgesteinen der Pflanzenwelt – sie wuchsen schon, als Dinosaurier noch beim Frühstück saßen. Beide enthalten eine Vielzahl an Inhaltsstoffen wie Gerbstoffe, Bitterstoffe, ätherische Öle, Phloroglucine und (Achtung!) teils giftige Verbindungen, die in Jaucheform gegen Insekten und Pilzkrankheiten wirken. Eine echte Multitool-Lösung für Hobbygärtner*innen mit Öko-Ambitionen.

Zutaten

- ca. 1 kg frische Farnblätter (Wurmfarn, Adlerfarn oder gemischt – aber bitte Handschuhe tragen!)
- 10 l Wasser (am besten Regenwasser, aber Leitungswasser tut's auch)
- 1 großer Eimer oder Bottich (bitte kein Metall, sonst reagieren die Inhaltsstoffe!)
- 1 Stock oder Holzlöffel zum Umrühren
- optional: Gesteinsmehl oder Urgesteinsmehl (gegen den Gestank)

Zubereitung

- Sammeln: Frische Farnwedel schneiden (bitte nur von Stellen, wo genug wächst – Adlerfarn steht in manchen Regionen unter Schutz!). Wurmfarn erkennt man an seiner dichten Rosette, Adlerfarn an den ausladenden, dreieckigen Wedeln.
- Zerkleinern: Die Blätter grob zerschneiden oder zerreißen – je mehr Oberfläche, desto schneller gärt's.
- Ansetzen: Die Farnmasse in den Eimer geben und mit dem Wasser auffüllen. Eventuell etwas Gesteinsmehl dazugeben, das dämpft den Geruch und liefert zusätzliche Mineralstoffe.
- Gären lassen: An einem warmen, schattigen Ort (nicht in der Sonne!) 1–2 Wochen stehen lassen. Täglich umrühren – das bringt Sauerstoff rein und fördert die Gärung. Es beginnt bald zu blubbern – und zu riechen. Aber keine Sorge: Wer Jauche macht, hat die Natur verstanden. Wer sie nutzt, ist ein Held. Wer sie trinkt, braucht ein neues Hobby.
- Fertig ist, was stinkt: Sobald keine Blasen mehr aufsteigen, ist die Jauche „reif". Sie riecht dann deftig-faulig – ein Zeichen echter Stärke.

Anwendung

- Verdünnung:
  1 : 10 für Spritzungen gegen Blattläuse, Milben, Weiße Fliege
  1 : 20 als Gießlösung zur Bodenstärkung bei Gemüsepflanzen (aber nicht bei Wurzelgemüse oder direkt vor der Ernte!)
- No-Gos:
  Nie unverdünnt! Das schockt Pflanzenwurzeln und Nachbarn gleichermaßen. Nicht anwenden auf essbaren Pflanzenteilen kurz vor der Ernte – besonders bei Adlerfarn wegen des enthaltenen Ptaquilosids, das als potenziell krebserregend gilt.

Achtung

Wurmfarn und Adlerfarn sind beide giftig und sollten nicht innerlich angewendet werden – besonders nicht bei Kindern, Schwangeren oder Tieren. Adlerfarn enthält krebserregendes Ptaquilosid und darf nicht gegessen oder kompostiert werden. Beide Pflanzen nur äußerlich (z. B. als Jauche) und nicht auf essbare Pflanzen sprühen, die bald geerntet werden. Beim Sammeln immer Handschuhe tragen!

1
2

Wiesen-Storchschnabel • Blauer Eisenhut

Geranium pratense
Aconitum napellus

Beide teilen sich auf den ersten Blick eine gewisse Vorliebe für auffällige Blüten in Blau- und Violetttönen. Doch botanisch sind sie völlig unterschiedlich verortet: Der Storchschnabel gehört zur Familie der Storchschnabelgewächse (Geraniaceae), während der Blaue Eisenhut ein Mitglied der Hahnenfußgewächse (Ranunculaceae) ist – jener Familie, die berüchtigt ist für ihre zahlreichen giftigen Vertreter. Was der Storchschnabel an Wildkräutercharme ausstrahlt, toppt der Eisenhut mit dramatischer Eleganz – und tödlicher Gefahr.

1. Wiesen-Storchschnabel
2. Blauer Eisenhut

Erkennungsmerkmale

Blätter

Wiesen-Storchschnabel

- handförmig gelappt, mit fünf bis sieben tief eingeschnittenen Lappen
- erinnern entfernt an kleine, flache Ahornblätter
- weich behaart, zartgrün und leicht rau
- wechselständig, an langen, dünnen Stielen

Blauer Eisenhut

- tief eingeschnitten, wesentlich glänzender (fast wachsartig), dunkler grün
- dreifach oder sogar fünffach geteilt
- jeder Teil nochmals gelappt, wie ein gespreizter Handfächer
- scharf gesägt
- kräftig, fast ledrig

Wiesen-Storchschnabel

Blauer Eisenhut

Wuchsform

Wiesen-Storchschnabel

- lockerer Wuchs, horstbildend
- selten stark verzweigt
- 30–60 cm hoch

Blauer Eisenhut

- deutlich größer, bis zu 1,50 m hoch
- wie aus viktorianischem Kräutergarten: streng, aufrecht, dominant

Stängel

Wiesen-Storchschnabel

- eher dünn, aber standfest
- kantig, leicht behaart
- oft etwas rötlich überlaufen

Blauer Eisenhut

- kräftig, unverzweigt oder wenig verzweigt
- aufrecht und innen markig
- meist kahl und grün bis rötlich überlaufen

Blüten

Wiesen-Storchschnabel

- violettblau
- meist einzeln oder in lockeren Doppeldolden
- fünfzählig, radial-symmetrisch
- freundlich, fast verspielt
- deutlich erkennbare, dunklere Adern
- Blütezeit zwischen Juni und August

Blauer Eisenhut

- in auffälligen, dichten Trauben
- einzelne Blüte sind zygomorph (nur entlang einer Achse symmetrisch)
- helmförmige Oberlippe, thront wie Ritterhelm über Blüte (daher „Eisenhut")

Wiesen-Storchschnabel

Blauer Eisenhut

- tiefkobaltblau bis violett
- Blütezeit meist zwischen Juli und September, deutlich später als beim Storchschnabel

Standort und Vorkommen

Wiesen-Storchschnabel

- sonnige bis halbschattige frische Wiesen, Wegränder und Waldränder
- bevorzugt auf kalkhaltigem Boden
- oft in extensiv bewirtschafteten Wiesen, Indikator für eine naturnahe Umgebung

Blauer Eisenhut

- feuchte, nährstoffreiche Böden (Bachläufe, Gebirgswälder, montane Feuchtwiesen)
- typisch für die Alpen- und Mittelgebirgsflora
- meidet trockene, vollsonnige Plätze

Volks- und Naturheilkunde

Während der Storchschnabel ein eher sanftes, traditionelles Heilkraut ist, steht der Blaue Eisenhut für die Hochrisikomedizin der alten Zeit – einst als mächtiges Nervenmittel geschätzt, ist er heute als eine der giftigsten Pflanzen Europas gefürchtet.

Wiesen-Storchschnabel

Er war in der Volksmedizin beliebt bei der Wundheilung, Blutstillung und bei Frauenleiden. Besonders geschätzt wurden die adstringierenden Eigenschaften, die ihn zu einem wertvollen Helfer bei Hautproblemen machten. Die enthaltenen Gerbstoffe wirken entzündungshemmend, antibakteriell und leicht schmerzlindernd. Früher nutzte man Auszüge aus den Blättern und Blüten zur Behandlung von Durchfällen, Zahnfleischentzündungen und Hautausschlägen. Auch bei Regelbeschwerden, innerer Unruhe oder Hämorrhoiden fand er Anwendung – meist in Form von Tees, Waschungen oder Umschlägen. Der Tee wird bei Durchfall und entzündlichen Magen-Darm-Beschwerden empfohlen. Waschungen helfen bei Ekzemen, Schürfwunden, Akne, während Sitzbäder bei Hämorrhoiden oder Menstruationsbeschwerden angewendet werden.

Blauer Eisenhut

Der Blaue Eisenhut ist nichts für Hausmittel-Fans. Er enthält das stark neurotoxische Alkaloid Aconitin – eine der giftigsten bekannten Pflanzenverbindungen überhaupt. Bereits 1–2 Gramm der Wurzel oder wenige Milligramm reines Aconitin können beim Menschen tödlich wirken. Die Wirkung setzt rasch ein und führt zum Tod durch Atemlähmung. Nur wenige Insekten – darunter einige spezialisierte Hummelarten – wagen sich an die tiefen, helmförmigen Blüten, deren Nektar gut versteckt ist.

Aconitin öffnet dauerhaft Natriumkanäle in Nervenzellen – das führt zu Überreizung, gefolgt von Funktionsverlust. Besonders tückisch: Aconitin kann auch über die Haut aufgenommen werden. Schon beim Pflücken

ohne Handschuhe kann es zu Taubheitsgefühlen und Kribbeln in den Fingern kommen. Wer sich dann unachtsam ins Gesicht fasst oder gar mit schmutzigen Fingern isst, riskiert eine schleichende Vergiftung. Deshalb: Kein direkter Hautkontakt, kein Verzehr, keine Mutproben!
Trotzdem wurde Eisenhut in der historischen Heilkunde eingesetzt – vor allem bei starken Schmerzen, Neuralgien, Rheuma oder Gicht.

Klugscheißerwissen

Blaue Schönheit mit tödlicher Vergangenheit

Der Blaue Eisenhut war im Mittelalter nicht nur Heilpflanze, sondern auch Mordwaffe. In antiken Kriegszeiten wurde er als Pfeilgift verwendet – man tränkte die Spitzen mit Aconitin. Auch im Volksglauben galt Eisenhut als Pflanzen-Amulett gegen Dämonen und „Werwölfe".
Der botanische Name „Aconitum" leitet sich vermutlich vom griechischen „akonitos" ab, was so viel wie „unbesiegbar" bedeutet. Und das ist er: unbesiegbar gefährlich. Schon ein bis zwei Blüten oder ein kleines Stück Wurzel können bei Kindern tödlich sein. Auch die Blätter und Stängel enthalten reichlich Gift. Schon die keltischen Druiden sollen Eisenhut rituell verwendet haben, um mit den Göttern in Kontakt zu treten. Der Pflanzensaft wurde in winzigen Dosen entnommen und in bewusstseinsverändernden Ritualen eingesetzt – eine höchst riskante Angelegenheit. In der Antike galt Eisenhut auch als „Gift der Könige" – nicht weil sie ihn gegen sich selbst verwendeten, sondern gegen unliebsame Rivalen. Kaiser Claudius soll damit politische Gegner ins Jenseits befördert haben. Im frühen 19. Jahrhundert begann man, den Hauptwirkstoff isoliert in der Medizin einzusetzen – vor allem bei neuralgischen Schmerzen und Herzrhythmusstörungen. Die Dosierung war eine Gratwanderung, denn selbst minimale Überdosierungen führten zu tödlichen Komplikationen. Heute ist die medizinische Anwendung in Europa stark eingeschränkt. In der Homöopathie wird Eisenhut in hochverdünnter Form bei Fieberzuständen, Angst und Schockreaktionen eingesetzt.

Achtung

Beim Sammeln von Wildpflanzen in freier Natur gilt: Keine Experimente mit unbekannten Schönheiten, auch wenn sie so attraktiv wie der Eisenhut sind!

Ökologisch interessante Gruppen

1

2

Tanne • Fichte

Abies ssp.
Picea abies

Tanne und Fichte gehören beide zur Familie der Kieferngewächse (Pinaceae) und sind weit verbreitet. Tannen bevorzugen kühlere, feuchte Lagen, während Fichten auch in tieferen, wärmeren Regionen wachsen. Beide sind bedeutende Holzlieferanten und bieten zahlreichen Tieren Lebensraum. Auf den ersten Blick wirken sie ähnlich – es sind große Bäume mit grünen Nadeln. Doch wer genau hinschaut, erkennt klare Unterschiede. Ob Nadeln, Zapfen oder Wuchsform – mit etwas Wissen lassen sich Tanne und Fichte leicht auseinanderhalten.

Eselsbrücke

Ein recht guter und verlässlicher Merksatz lautet: Die Fichte sticht, die Tanne nicht. Um sich an den Stand der Zapfen zu erinnern, kann man sich Folgendes merken: Tanne = stehende Zapfen, wie die Kerzen an der Weihnachtstanne. Die Fichte ist an Weihnachten bloß die zweite Wahl und lässt darum ihre Zapfen hängen.

1 Tanne

2 Fichte

Erkennungsmerkmale

Nadeln

Tanne
- weich, flach, lassen sich leicht biegen, ohne zu stechen
- wachsen direkt aus dem Zweig
- auf Unterseite zwei silbrig-weiße Wachsstreifen, gut sichtbar vor allem bei der Weißtanne (Abies alba)
- fühlt sich beim Reiben zwischen den Fingern glatt an, Nadeln stehen zur Seite und nach oben (Haarbürste)

Fichte
- spitz, stechend, mit vierkantigem Querschnitt
- Rollprobe: zwischen den Fingern gerollt, „eiert“ die Fichtennadel etwas, die Tannennadel hingegen lässt sich kaum drehen
- sitzen auf kleinen Stielen (Pulvini)
- wachsen nach allen Seiten (Flaschenbürste)

Zapfen

Tanne
- aufrecht auf den Ästen, wie kleine Kerzen oder Vogelfiguren
- fallen nicht im Ganzen ab, sondern zerfallen am Baum
- Schuppen, Spindel und Samen lösen sich nach und nach
- am Boden höchstens vereinzelte Schuppen oder zentrale Spindel

Fichte
- hängen von den Ästen
- fallen bei Reife als Ganzes zu Boden
- liegen meist als komplette Zapfen direkt unter dem Baum

Wuchsform

Tanne
- meist symmetrischer Wuchs
- Äste stehen in gleichmäßigen Etagen um den Stamm

- „typisches“ Nadelbaumprofil (wie aus dem Weihnachtsbuch)
- Krone verjüngt sich gleichmäßig zur Spitze hin

Fichte
- spitzer, oft auch etwas unregelmäßiger als bei der Tanne
- Krone schmaler, vor allem bei jüngeren Bäumen, untere Äste meist abfallend
- in dichteren Beständen verliert sie untere Äste oft frühzeitig
- wirkt dadurch „aufgeastet“

Borke

Tanne
- eher glatt, silbergrau
- bei älteren Exemplaren sogenannte Harzblasen (kleine, mit Harz gefüllte Wölbungen), aus denen bei Verletzung klebriges Harz austritt

Fichte
- rissig, schuppig und rötlich-braun
- daher der Name „Rottanne“, der sich in manchen Regionen (und auch in anderen

Tanne

Fichte

Sprachen wie dem Italienischen [„abete rosso"] eingebürgert hat)
- eine rötliche Rinde kann auch bei anderen Nadelbäumen wie bei der Föhre (Kiefer) vorkommen, weshalb diese manchmal fälschlich als Fichten bezeichnet werden

Standort und Vorkommen

Tanne
- kühlere, feuchte Lagen der mittleren und höheren Gebirge
- kommt mit Schatten gut zurecht
- klassischer Baum des Mischwaldes

Fichte
- flexibler, Vorkommen auch in niedrigeren und wärmeren Regionen
- in den letzten Jahrhunderten starker Anbau in Monokulturen
- schnell wachsend, anspruchslos
- v. a. auf ungeeigneten Böden anfällig für Schädlinge (z. B. Borkenkäfer) und Sturmschäden

Volks- und Naturheilkunde

Schon unsere Vorfahren nutzten die Tanne und Fichte nicht nur als Baumaterial oder zur Harzgewinnung, sondern auch in der Heilkunde. Ihre ätherischen Öle, Harze und Nadeln dienten der Behandlung von Erkältungen, Muskelbeschwerden, Hautproblemen und seelischer Erschöpfung. Obwohl sie sich botanisch unterscheiden, ähneln sich ihre Einsatzgebiete.

Tanne
Die Tanne war in der traditionellen Heilkunde vor allem für ihre wohltuende Wirkung auf die Atemwege bekannt. Ihr frisches, zitronig-harziges Aroma wirkt befreiend und stärkend, besonders bei Husten, Schnupfen und Bronchitis. Die enthaltenen ätherischen Öle fördern die Durchblutung, lindern Muskelverspannungen und wirken leicht schmerzlindernd. Auch in der Hautpflege fand Tannenharz Verwendung, etwa bei schlecht heilenden Wunden oder rissiger Haut. Die stärkende Wirkung der Tanne wurde zudem bei körperlicher Schwäche und geistiger Erschöpfung geschätzt.
Ein Sud von Tannennadeln findet als Inhalation Anwendung bei Husten, Bronchitis oder Nasennebenhöhlenentzündung, ein Bad mit Tannennadelöl wirkt muskelentspannend und allgemein kräftigend, Salben aus Tannenharz sind hilfreich bei der Behandlung von Hautverletzungen, Ekzemen und rheumatischen Beschwerden, einen Tee aus jungen Triebspitzen kann man (mild dosiert) bei Erkältung oder als Frühjahrskur verabreichen und Wickel mit Tannennadelabsud sind ein beliebtes Mittel bei Muskel- oder Gliederschmerzen.

Fichte
Auch die Fichte ist eine bewährte Helferin aus der grünen Hausapotheke. Sie wurde vor allem bei Atemwegserkrankungen und

Rheuma eingesetzt. Die Fichtennadeln enthalten eine hohe Konzentration ätherischer Öle, die schleimlösend, antibakteriell und durchblutungsfördernd wirken. Fichtenharz – auch als „Waldpech" bekannt – fand Anwendung bei chronischen Hautproblemen, kleinen Wunden und Entzündungen. In der Volksheilkunde wurde es außerdem als schützender Balsam für Einreibungen bei Erkältungen und zur Stärkung des Immunsystems geschätzt. Der Duft der Fichte galt zudem als nervenstärkend.
Dampfinhalationen mit Fichtennadeln oder Fichtenöl wirken wohltuend bei Erkältungssymptomen, Einreibungen und Salben mit Fichtenharz tragen ebenso wie wärmende Fichtennadelbäder zur Linderung von Gelenkbeschwerden, rheumatischen Schmerzen und Muskelverspannungen bei. Tees aus jungen Fichtentrieben sind als mildes Ausleitungsmittel für eine Frühjahrskur bekannt und Räucherungen mit Fichtenharz dienen zur Klärung der Raumluft und Stärkung der Nerven.

Klugscheißerwissen

Was sind Wachsstreifen?

Wer einmal eine Tannennadel in der Hand hatte, dem ist sicher aufgefallen: Auf der Unterseite verlaufen zwei helle Linien, fast wie kleine, silbrige Bahnen. Diese Linien nennt man „Wachsstreifen". Sie sind nicht nur ein schönes Erkennungsmerkmal, sondern erfüllen auch eine wichtige Aufgabe für den Baum.
Die zwei weißen Streifen bestehen aus winzigen Spaltöffnungen, die in einer bestimmten Reihenfolge auf der Nadel angeordnet sind. Die weiße Farbe entsteht durch die Reflexion von Licht durch diese Zellen und die spezielle Struktur der Epidermis. Zudem ist die gesamte Nadel zum Schutz mit einer dünnen Wachsschicht überzogen, was diesen Effekt noch verstärkt.
Durch die Spaltöffnungen erfolgen der Gasaustausch und die Transpiration (Wasserabgabe). Das hilft der Tanne, Wasser effizienter zu regulieren und den Gasaustausch zu optimieren, was insbesondere in kalten oder trockenen Umgebungen lebensnotwendig ist. Zusätzlich bieten die weißen Streifen einen gewissen Schutz vor intensiver Sonneneinstrahlung, was wiederum an sonnigen, heißen Standorten einen Vorteil bietet.
Die Fichte hat im Gegensatz zur Tanne keine so deutlich sichtbaren weißen Streifen auf der Unterseite der Nadeln, weil ihre Spaltöffnungen (Stomata) in vielen kleinen, verstreuten Gruppen über die gesamte Nadel verteilt sind. Diese Verteilung führt dazu, dass die Unterseite der Fichtennadeln insgesamt grüner und gräulicher erscheint.

2
1

Zirbe • Föhre

Pinus cembra
Pinus sylvestris

Zirben und Föhren gehören zur Familie der Kieferngewächse (Pinaceae) und sind in unseren Wäldern weit verbreitet. Obwohl sie sich auf den ersten Blick ähneln – große, immergrüne Nadelbäume –, lassen sich Zirbe und Föhre bei genauem Hinsehen gut unterscheiden. Nadeln, Zapfen und Wuchsform geben dir klare Hinweise.

1. Zirbe
2. Föhre

Erkennungsmerkmale

Nadeln

Zirbe

- dick und weich
- in Bündeln von fünf (genauso viele Buchstaben hat das Wort „Zirbe")
- robust und widerstandsfähig gegen extreme Wetterbedingungen

Föhre

- länger, dünner
- stehen in Paaren zusammen
- steifer, eher stechend

Zapfen

Zirbe

- zylindrisch, aufrecht stehend (Unterschied zu den meisten anderen Kiefernarten)
- fallen bei der Reifung fast vollständig ab
- bleiben oft als einzelne Schuppen am Boden liegen

Föhre

- kleiner, hängend
- verlieren bei Reifung die Schuppen
- fallen häufig als Ganzes ab

Borke

Zirbe

- glatt und hellgrau
- lässt den jungen Baum zart wirken

Föhre

- rissig
- kann besonders bei älteren Bäumen eine rotbraune Farbe annehmen

Standort und Vorkommen

Zirbe

- bevorzugt in feuchten, kühlen Hochgebirgslagen
- häufig oberhalb der Baumgrenze in den Alpen oder Pyrenäen

Föhre

- in niedrigeren Gebirgslagen
- auch in wärmeren, trockeneren Regionen

Volks- und Naturheilkunde

Die Zirbe und die Föhre sind zwei Baumarten, die nicht nur durch ihre majestätische Erscheinung bestechen, sondern auch naturheilkundlich eine wichtige Rolle spielen. Ihr ätherisches Öl und ihre Bestandteile werden seit Jahrhunderten geschätzt, um das körperliche und seelische Wohlbefinden zu fördern. Ihre vielseitigen Anwendungen reichen von der Aromatherapie bis hin zur Behandlung von Erkältungen, Schlafstörungen und Stress.

Zirbe

Die Zirbe wird aufgrund ihrer beruhigenden Wirkung auf das Herz-Kreislauf-System und den Schlaf häufig in der Naturheilkunde verwendet. Es hat sich gezeigt, dass der Duft des Holzes bzw. des ätherischen Öls den Herzschlag um bis zu 3.500 Schläge pro Tag senken kann – und das nur durch das Verweilen in einem Raum mit Zirbenholz. Dies macht die Zirbe für die Naturheilkunde zu einer echten „Herzfreundin". Sie wird

Zirbe

Föhre

deshalb auch häufig für Betten, Möbel und Kissenfüllungen verwendet.
Das ätherische Öl aus Zirbennadeln oder -holz wirkt befreiend bei Husten, Erkältungen und verstopfter Nase. Es wird gerne in Duftlampen, Inhalationen oder Balsamen genutzt, um die Atemwege zu öffnen. Seine Wirkung ist zudem leicht antibakteriell, entzündungshemmend und beruhigend auf das Nervensystem. Ein warmes Bad mit Zirbenöl kann nach einem stressigen Tag entspannen und die Abwehrkräfte stärken. In der Volksheilkunde ist auch der Zirbenschnaps beliebt – nicht nur als Genussmittel, sondern auch zur Anregung der Verdauung und bei Völlegefühl.

Föhre

Die Föhre wird als Helferin bei Atemwegsbeschwerden sehr geschätzt. Ihre ätherischen Öle enthalten Substanzen, die entzündungshemmend und schleimlösend wirken. Das aus den Nadeln und jungen Zweigen gewonnene Öl enthält vor allem Monoterpene wie α-Pinen, β-Pinen und Limonen. Diese Stoffe verflüssigen festsitzenden Schleim in den Atemwegen und erleichtern so das Abhusten. Gleichzeitig wirken sie leicht krampflösend auf die Bronchialmuskulatur, was das Atmen bei Husten oder verengten Bronchien erleichtert. Zusätzlich zeigt das ätherische Öl antibakterielle und antimikrobielle Effekte, die helfen können, Infektionen im Nasen-Rachen-Raum und in den Bronchien einzudämmen.
In der Volksmedizin gilt ein warmer Föhrennadel-Aufguss als wohltuendes Mittel bei Erkältungskrankheiten. Ein Dampfbad mit Föhrenöl kann helfen, die Nasennebenhöhlen zu befreien und Kopfdruck zu lindern. Auch bei Muskel- und Gelenkschmerzen wird das Öl äußerlich angewendet, da es durchblutungsfördernd wirkt. Gerade in der kalten Jahreszeit sind Badezusätze mit Fichten- oder Föhrenöl beliebt, um Erkältungssymptome zu lindern und das Immunsystem zu stärken. Solche Bäder haben auch eine beruhigende, ausgleichende Komponente für das Nervensystem.
Auch für die Psyche kann der Duft von Föhrenöl eine Wohltat sein, er wirkt klärend, stärkend und vermittelt ein Gefühl von Weite – wie ein Spaziergang durch einen Bergwald. Deshalb wird bei mentaler Erschöpfung, Konzentrationsproblemen oder depressiven Verstimmungen eine Aromatherapie mit Föhrenöl empfohlen.
Verwendet werden können sowohl die Nadeln als auch die Harzausscheidungen, das sogenannte Pech. Dieses wurde früher zur Herstellung von Salben gegen Rheuma, Gicht und Hauterkrankungen verwendet. Noch heute gibt es traditionelle Zugpflaster, die Föhrenharz enthalten.

Klugscheißerwissen

Wie Düfte wirken

Zirbe und Föhre sind sehr bekannt für ihren hohen und wirksamen Gehalt an ätherischen Ölen. Diese Öle sind nicht nur für den angenehmen Duft verantwortlich, sondern werden auch in der Volksheilkunde vielfältig genutzt. Besonders beliebt ist die Verarbei-

tung in Salben, mit welchen Muskeln, Gelenke oder bei Erkältung die Brust eingerieben werden. Doch was ist mit der Wirkung, wenn man das Öl nur in die Duftlampe gibt oder in einem Diffuser vernebelt? Wirkt das wirklich – oder ist das nur „ein guter Geruch"?
Tatsächlich wirken ätherische Öle nicht nur über die Haut, sondern ganz besonders stark über die Nase – und zwar auf unser Gehirn. Der Geruchssinn ist der einzige unserer Sinne, der direkt mit dem sogenannten limbischen System im Gehirn verbunden ist – also jenem Bereich, der für Gefühle, Erinnerungen und emotionale Reaktionen zuständig ist.
Wenn wir einen Duft einatmen, gelangen winzige Duftmoleküle über die Nase in die Riechschleimhaut. Dort sitzen spezialisierte Rezeptoren, die den Duft „erkennen" und sofort ein Signal an das Gehirn senden. Dieses Signal geht ohne Umwege direkt in das limbische System – und zwar vor allem in zwei wichtige Bereiche: die Amygdala und den Hippocampus.
In der Amygdala werden unsere Emotionen verarbeitet. Deshalb können Düfte starke Gefühle auslösen – manchmal Entspannung, manchmal Freude, aber auch Unbehagen, je nachdem, welche Erinnerungen wir mit einem bestimmten Geruch verbinden. Der Duft von Zirbe oder Föhre kann zum Beispiel beruhigend wirken, wenn wir ihn mit einem Waldspaziergang oder einem gemütlichen Zuhause verbinden.
Der Hippocampus hingegen ist für das Gedächtnis zuständig. Durch den Geruchssinn können also auch längst vergessene Erinnerungen wieder auftauchen. Manchmal reicht ein Duft, und plötzlich ist ein Moment aus der Kindheit oder ein bestimmter Ort wieder ganz lebendig. Aber ätherische Öle wirken nicht nur auf unsere Erinnerungen oder Gefühle. Sie können auch messbare körperliche Reaktionen auslösen. Einige Duftstoffe beeinflussen die Ausschüttung von sogenannten Neurotransmittern – also chemischen Botenstoffen im Gehirn. So kann zum Beispiel Lavendelöl die Ausschüttung von Serotonin unterstützen, das als „Glückshormon" gilt. Oder Zirbenöl kann die Herzfrequenz senken und so zur Entspannung beitragen. Diese Wirkung erfolgt meist sehr schnell, weil der Geruchssinn direkt mit dem Gehirn verbunden ist. Anders als beim Sehen oder Hören, wo die Informationen zuerst über mehrere „Umleitungen" verarbeitet werden, gelangen Duftreize sofort an den Ort, wo Emotionen entstehen – und das macht ätherische Öle so kraftvoll.

Achtung

Bei Kleinkindern und Asthmatikern sollten ätherische Öle mit großer Vorsicht eingesetzt werden. Gerade bei Säuglingen und Kleinkindern kann starker ätherischer Duft zu Atemnot führen. Daher empfiehlt es sich, vor der Anwendung fachkundigen Rat einzuholen.

1
2

Echte Kamille • Acker-Hundskamille

Matricaria chamomilla
Anthemis arvensis

Auf den ersten Blick sehen sie sich zum Verwechseln ähnlich: Zarte, weiße Zungenblüten, ein leuchtend gelbes Blütenköpfchen und ein feiner, krautiger Duft – die Echte Kamille und die Acker-Hundskamille begegnen uns auf Äckern, an Wegrändern und auf Brachen oft Seite an Seite. Doch wer genau hinsieht (und vor allem genau riecht!), erkennt bald: Die beiden mögen äußerlich wie Schwestern wirken, doch sie unterscheiden sich in wesentlichen Details. Und nicht nur botanisch – auch in der Heilkunde trennt sich hier sprichwörtlich die Spreu vom Weizen.

Eselsbrücke

Ich merke mir immer: Die Acker-Hundskamille hat den Kopf voll mit Blödsinn (also den gefüllten Blütenkopf). Die Echte Kamille verschenkt ihr Wissen und ihre Heilkräfte, darum ist ihr Kopf leer.

1 Echte Kamille

2 Acker-Hundskamille

Erkennungsmerkmale

Wuchsform

Echte Kamille

- etwa 15–50 cm hoch
- oft zierlich und stark verzweigt

Acker-Hundskamille

- häufig kräftiger, buschiger und aufrechter
- bis zu 60 cm hoch
- kann große Bestände bilden

Blüten

Echte Kamille

- hohler, kegelförmig aufgewölbter Blütenboden
- Blütenköpfe vereinzelt an den Enden der Zweige

Acker-Hundskamille

- massiver, gefüllter Blütenboden, lässt sich beim Quetschen nicht eindrücken
- Blütenköpfe oft etwas größer, wuchtiger
- zahlreicher pro Pflanze

Echte Kamille

Acker-Hundskamille

Duft

Echte Kamille

- typisch süßlich-würzig, krautig
- wirkt auf viele beruhigend

Acker-Hundskamille

- weitgehend geruchlos
- eventuell schwach „grün“ bzw. grasartig

Blätter

Echte Kamille

- fädlich-filigran, zweimal gefiedert
- fast wie kleine Dillblätter
- oft bläulich-grün

Acker-Hundskamille

- ebenfalls gefiedert, aber meist etwas gröber, breiter und dichter
- etwas kräftiger grün

Echte Kamille

Acker-Hundskamille

Zungenblüten

Echte Kamille

- kurz und abgerundet
- neigen sich mit der Zeit nach unten
- der gelbe Blütenboden wölbt sich immer weiter auf

Acker-Hundskamille

- deutlich länger, spitzer zulaufend
- manchmal sogar etwas unregelmäßig ausgeprägt
- länger „straff" nach außen gerichtet

Standort und Vorkommen

Beide Arten lieben offene, sonnige und nährstoffreiche Böden – und sind typische Ruderal- und Ackerbegleitpflanzen.

Echte Kamille

- bevorzugt gestörte Böden (z. B. frisch bearbeitete Äcker, Wegränder, Brachflächen)
- klassischer Kulturfolger

Acker-Hundskamille

- bevorzugt leicht verdichtete, lehmige Böden, Weinberge, Wiesen und Ackerränder
- verträgt mehr Konkurrenzdruck durch andere Pflanzen
- standorttoleranter als die Echte Kamille

Volks- und Naturheilkunde

Echte Kamille

Schon die alten Griechen und Römer schätzten sie als sanftes und vielseitiges „Mutterkraut", das besonders bei Frauenleiden zum Einsatz kam. Die Kamille enthält eine Vielzahl wertvoller Inhaltsstoffe, darunter ätherische Öle wie Bisabolol und Matricin, das bei der Wasserdampfdestillation in das blaue Chamazulen umgewandelt wird, welches für die entzündungshemmenden Eigenschaften der Pflanze verantwortlich ist. Hinzu kommen Flavonoide wie Apigenin sowie beruhigende Schleimstoffe. Diese Kombination verleiht der Kamille eine breite Palette an nützlichen Eigenschaften: Sie wirkt entzündungshemmend, krampflösend, wundheilend, antibakteriell und beruhigend. Als Tee hilft sie bei Magen-Darm-Beschwerden, Bauchkrämpfen und nervösem Reizmagen. In Form von Dampfbädern, Umschlägen oder Salben wirkt sie entzündungshemmend bei Hautproblemen, Schleimhautreizungen oder kleineren Verletzungen. Ihre Dämpfe beruhigen gereizte Atemwege, während ihre antimikrobielle Wirkung Bakterien und Viren das Leben schwer macht.

Acker-Hundskamille

Die Acker-Hundskamille hat kaum medizinische Bedeutung. Zwar enthält sie geringe Mengen ätherischer Öle, doch sie wirkt deutlich schwächer als ihre berühmte Schwester, die Echte Kamille. In der Volksheilkunde wurde sie früher gelegentlich verwendet – etwa bei Hautproblemen oder zur Linderung leichter Beschwerden –, doch heute spielt sie nur noch eine untergeordnete Rolle. Ihre Inhaltsstoffe sind vergleichsweise wenig wirksam, was sie für therapeutische Anwendungen ungeeignet macht. In Tees oder Naturprodukten hat sie deshalb nichts zu suchen.

Klugscheißerwissen

Kamille, die Muskel-Flüsterin

Anders als die quergestreifte Muskulatur (z. B. in Armen und Beinen) unterliegt die glatte Muskulatur nicht unserem Willen, sondern wird autonom durch das vegetative Nervensystem gesteuert. Hier setzt die Kamille an. Sie bleibt entspannt, egal wie verkrampft es zugeht. Ihre Wirkstoffe modulieren die Aktivität bestimmter Neurotransmitter, unter anderem Acetylcholin, das die Muskelkontraktion auslöst. Durch die hemmende Wirkung auf diese Signalübertragung kommt es zu einer Entspannung der Muskeln – insbesondere im Magen-Darm-Trakt. Das lindert Schmerzen bei krampfartigen Beschwerden wie Reizdarm, Blähungen, Koliken oder Magenschmerzen. Auch bei Regelschmerzen wird die Kamille traditionell eingesetzt, da sie die Kontraktionen der Gebärmutter abschwächt.

Apigenin – der Kamillen-Wirkstoff mit Chill-Faktor

Flavonoide wie Apigenin wirken beruhigend auf das zentrale Nervensystem. Apigenin bindet an sogenannte GABA-Rezeptoren im Gehirn – ähnlich wie synthetische Beruhigungsmittel – und trägt so zusätzlich zur allgemeinen Entspannung bei. Diese Wirkung verstärkt indirekt die krampflösenden Eigenschaften, da Stress und Nervosität häufig mit einer erhöhten Muskelanspannung im Bauchraum einhergehen. Kamille wirkt damit nicht nur körperlich entkrampfend, sondern auch psychisch entspannend – eine ideale Kombi bei psychosomatischen Beschwerden: sanft, verträglich und vielfach bewährt.

Achtung

Obwohl die Echte Kamille als gut verträglich gilt, ist bei Allergien Vorsicht geboten. Menschen mit einer Allergie gegen Korbblütler (z. B. Beifuß, Arnika oder Schafgarbe) können auf Kamille allergisch reagieren. Augenärztinnen und -ärzte raten von der Anwendung von Kamillenaufgüssen am Auge ab – sie können die Schleimhäute reizen oder Keime enthalten.

1
2

Große Bibernelle • Pastinake

Pimpinella major
Pastinaca sativa

Die Große Bibernelle und die Pastinake – zwei Doldenblütler, die auf den ersten Blick wie entfernte Verwandte wirken, aber bei genauerem Hinsehen unterschiedliche Merkmale zeigen. Beide tragen ihre Blütendolden elegant in luftiger Höhe, beide lieben sonnige Wiesen, Wegränder und Feldraine. Doch während die Pastinake als altes Wurzelgemüse mit kulinarischem Kultstatus gilt, ist die Bibernelle eine fast vergessene Heilpflanze, deren Name man vielleicht noch aus alten Kräuterbüchern kennt.

1. Große Bibernelle
2. Pastinake

Erkennungsmerkmale

Blätter

Große Bibernelle

- unpaarig gefiedert, mit drei bis sieben Fiederpaaren
- Fiederblättchen rundlich bis oval, grob gezähnt
- einzelne Fiederblättchen gestielt
- insgesamt zart
- Stielblätter mit deutlicher Blattscheide
- liegen flach, wenn man sie hinlegt

Pastinake

- doppelt gefiedert, größere und kräftigere Blättchen
- Fiederblätter meist eiförmig bis breit-lanzettlich
- einzelne Fiederblättchen selten kurz gestielt, meist stängelumfassend (liegt nicht flach)

Große Bibernelle

Pastinake

- grob gezähnt oder gelappt
- dicker, fester, dunkelgrün
- deutlich kräftiger und robuster im Gesamteindruck
- robust und auffällig standfest
- im Blütenjahr massig, fast imposant
- bevorzugt Äcker, Feldraine, Kulturflächen

Wuchsform

Große Bibernelle

- mehrjährige Staude
- 50–120 cm hoch
- aufrechter, verzweigter Stängel
- locker, zart, fast filigran
- bevorzugt trockene Wiesen, Säume, lichte Wälder

Pastinake

- zweijährig, bildet im ersten Jahr die Rübe, im zweiten die Blüte
- kräftiger, gerillter Stängel, bis 150 cm hoch

Blüten

Große Bibernelle

- weiße bis zartrosa Dolden
- locker, luftig, elegant angeordnet
- typische Doldenblütler-Struktur mit 10–20 Strahlen
- eher unscheinbar, aber zart wirkend

Pastinake

- leuchtend gelbe Dolden
- große, volle Scheindolden mit vielen Einzelblüten
- im Sommer weithin sichtbar
- auffälliger als die Blüten der Bibernelle

Große Bibernelle

Pastinake

Duft

Große Bibernelle

- angenehm würzig, leicht anisartig
- erinnert entfernt an den Wiesenknopf, nur kräftiger
- besonders beim Zerreiben aromatisch

Pastinake

- würzig-erdig, besonders in der Wurzel
- frisch, süßlich, fast karottenartig
- die Blüten dagegen eher neutral im Geruch

Volks- und Naturheilkunde

Große Bibernelle

Die Bibernelle war in alten Kräuterbüchern ein fester Bestandteil der Hausapotheke. Schon Dioskurides und Hildegard von Bingen kannten sie, im Mittelalter galt sie als Mittel gegen Pest und „vergiftete Luft". Ihre Hauptwirkung: auswurffördernd und schleimlösend bei Husten und Bronchitis, anregend bei Erkältungskrankheiten. Sie galt als Stärkungsmittel für die Atemwege und wurde in Teemischungen gegen Katarrhe verwendet. Auch äußerlich kam sie bei Wunden und Schlangenbissen zum Einsatz. Heutzutage ist sie fast vergessen, obwohl sie ungiftig, verträglich und reich an ätherischen Ölen sowie Bitterstoffen ist. In der modernen Pflanzenheilkunde wird sie kaum noch erwähnt, höchstens in alten Rezepturen für Teemischungen.

Pastinake

Die Pastinake dagegen ist eine klassische Nahrungspflanze mit Heilkraft. Ihre Wurzel war schon im Mittelalter ein wichtiges Grundnahrungsmittel. Medizinisch wird sie vor allem für ihre harntreibende und leicht krampflösende Wirkung geschätzt. Früher verabreichte man Pastinakenwurzel bei Harnwegsbeschwerden, Nierenproblemen und Verdauungsstörungen. Auch stillenden Müttern wurde sie empfohlen, da man ihr eine milchbildende Wirkung nachsagte. Die moderne Forschung wies zudem Furocumarine nach – Stoffe, die in hoher Konzentration die Haut lichtempfindlicher machen können. In der alltäglichen Ernährung ist die Pastinake jedoch vollkommen unbedenklich und äußerst gesund.

Klugscheißerwissen

Back to the root(s)

Die Pastinake war bis ins 18. Jahrhundert eines der wichtigsten Wurzelgemüse Europas – erst die Kartoffel und die Karotte verdrängten sie aus den Töpfen. Heute feiert sie als „altes neues Gemüse" ihr Comeback in der Küche: mild-süßlich, leicht nussig im Geschmack und reich an Stärke, Mineral-

stoffen und Vitaminen. Spannend: Wer Pastinaken erntet, sollte es nicht unbedingt bei praller Sonne tun – die Pflanze enthält Furocumarine, die in Verbindung mit UV-Licht Hautreizungen und Verbrennungen auslösen können. Das nennt sich „Wiesen- oder Doldenblütler-Dermatitis“. Also besser lange Ärmel tragen beim Ernten!
Die Bibernelle wiederum verdankt ihren Namen dem lateinischen „piper“ (Pfeffer), da ihre Samen früher als Pfefferersatz verwendet wurden. In alten Texten taucht sie sogar als Schutzpflanze gegen Pest und böse Geister auf – eine Art mittelalterlicher „Gesundheits-Allrounder“.

Achtung

Beide Pflanzen sind essbar und grundsätzlich ungiftig. Dennoch ist Vorsicht geboten: Vor allem die Große Bibernelle ist leicht zu verwechseln mit giftigen Doldenblütlern (z. B. Schierling, Hundspetersilie). Sichere Bestimmung ist also Pflicht!

1
2

Margerite • Mutterkraut

Leucanthemum vulgare
Tanacetum parthenium

Die Margerite und das Mutterkraut – zwei Pflanzen aus der Familie der Korbblütler, die sich auf den ersten Blick täuschend ähnlich sehen. Beide schmücken sich mit weißen Zungenblüten, gelben Blütenkörbchen und einem charmanten Wildblumen-Appeal, der an Sommerwiesen und die Kindheit denken lässt. Botanisch, medizinisch und im Wesen unterscheiden sie sich jedoch ganz erheblich. Die Margerite wirkt klassisch, sanft und zurückhaltend, das Mutterkraut hingegen ist das wilde, unberechenbare Schwesterlein, voller ätherischer Öle, Wirkstoffe und medizinischer Eigenwilligkeit.

1. Margerite
2. Mutterkraut

Erkennungsmerkmale

Blätter

Margerite

- ungeteilt bis ganz leicht gefiedert
- je nach Standort und Pflanzenalter sehr unterschiedlich ausgeprägt
- untere Blätter spatelförmig bis lanzettlich
- obere Blätter eher schmal und wechselständig
- Oberfläche glatt
- meist ganzrandig bis schwach gezähnt
- insgesamt eher schlicht

Mutterkraut

- deutlich und feiner gefiedert
- oft mehrfach eingeschnitten
- erinnert entfernt an Kamille oder Wermut
- aromatisch duftend
- weich behaart
- deutlich zarter und auffälliger

Wuchsform

Margerite

- aufrecht
- einzelner, relativ stabiler, meist unverzweigter Blütenstängel
- oft zwischen 30 und 60 cm hoch, auf guten Böden auch höher
- wirkt robust, schnittfest und etwas steif

Mutterkraut

- stark verzweigt
- locker buschig bis ausladend
- selten höher als 50 cm
- zahlreiche dünnere Stiele
- Stiele verzweigen sich oft schon im unteren Drittel
- viel lebhafter, fast wuchernd

Blüten

Hier liegt die größte Verwechslungsgefahr: Beide Pflanzen bilden gelbe Röhrenblüten im Zentrum, umgeben von weißen Zungenblüten.

Margerite

- bis 5 cm Durchmesser
- reinweiße, flächig angeordnete Zungenblüten, symmetrisch
- oft einzeln am Stängel

Mutterkraut

- kleinere Blütenköpfchen (ca. 2 cm)
- meist in dichten Dolden oder rispenartigen Gruppen
- die weißen Zungenblüten stehen lockerer, oft etwas unregelmäßiger
- lebendiger, Pflanze zeigt gerne viele Blüten auf einmal – wie ein kleiner Strauß auf jedem Stängel

Duft

Margerite

- riecht kaum oder nur sehr schwach krautig

Mutterkraut

- intensiv, würzig-bitter
- erinnert an Rainfarn oder Wermut (gehört zur selben botanischen Gattung wie der Rainfarn [Tanacetum])

Margerite

Mutterkraut

Volks- und Naturheilkunde

Margerite

Die Margerite spielt in der Volksheilkunde eine eher untergeordnete Rolle. Dennoch wurde sie früher geschätzt, vor allem bei Hautleiden: Umschläge und Waschungen kamen bei kleineren Verletzungen oder Ausschlägen zum Einsatz. Auch innerlich wurde sie gelegentlich verabreicht – als milder, leicht herber Tee gegen Fieber, Erkältungen oder nervöse Unruhe, besonders bei Kindern. Heute ist ihre medizinische Anwendung weitgehend vergessen, weil ihre Wirkstoffe in zu geringer Konzentration vorliegen. Etwas Gerbstoff, geringe Mengen ätherisches Öl und Bitterstoffe – das reicht nicht aus für nennenswerte therapeutische Wirkungen.

Dennoch bleibt sie präsent: als Symbolpflanze für Reinheit, Freude und Unschuld. Am weitesten verbreitet ist sie heutzutage als hübsche Zierpflanze auf Wiesen, Verkehrsinseln, in Blumensträußen und naturnahen Gärten – eine Art botanisches Symbol für ländliche Idylle und unberührte Natur.

Mutterkraut

Das Mutterkraut dagegen ist in der Pflanzenheilkunde ein echtes Schwergewicht – sowohl geschichtlich als auch pharmakologisch. Schon in der Antike wurde es bei Frauenleiden eingesetzt, woraus sich auch sein Name erklärt: „Mutterkraut" verweist auf seine Verwendung rund um die Gebärmutter. Dioskurides erwähnte es, Hildegard von Bingen empfahl es und auch in mittelalterlichen Klostergärten war es häufig zu finden. Es wurde zur Förderung der Menstruation, zur Geburtseinleitung und zur allgemeinen Kräftigung der Frau nach der Entbindung eingesetzt.

In der modernen Pflanzenheilkunde ist das Mutterkraut vor allem für seine Wirkung bei Migräne bekannt. Studien zeigen, dass die regelmäßige Einnahme über mehrere Wochen oder Monate die Häufigkeit und Intensität von Migräneanfällen deutlich verringern kann. Hauptverantwortlich dafür ist das Sesquiterpenlacton Parthenolid, das Entzündungsprozesse hemmt, die Freisetzung gefäßerweiternder Botenstoffe unterdrückt und muskelentspannend wirkt. Es ist nicht geeignet für akute Migräneanfälle – dafür fehlen die schmerzlindernden Eigenschaften –, wohl aber für die langfristige Prophylaxe. Hierfür eignen sich sowohl standardisierte Extrakte in Kapselform als auch alkoholische Tinkturen oder Teezubereitungen aus dem Kraut selbst. Der Tee schmeckt allerdings bitter und leicht scharf, was nicht jedermanns Sache ist.

Wer Mutterkraut zur Migräneprophylaxe verwenden möchte, sollte auf eine gleichbleibende Dosierung achten und gegebenenfalls fachkundigen Rat einholen. Seine Wirkung entfaltet sich nämlich nicht sofort, sondern erst bei langfristiger Anwendung.

Auch jenseits der Migräne hat das Mutterkraut einiges zu bieten: Bei Menstruationsbeschwerden, insbesondere bei krampfartigen Schmerzen oder einem starken PMS, kann es lindernd wirken. Seine krampflösenden Eigenschaften helfen auch bei nervösen Magen-Darm-Beschwerden, während die entzündungshemmenden Inhaltsstoffe bei

Rheuma und Arthritis unterstützend eingesetzt werden. Äußerlich angewendet – etwa in Form von Umschlägen – kann Mutterkraut zur Linderung von Gelenkbeschwerden beitragen. Wichtig ist jedoch die richtige Dosierung, denn ein Zuviel kann zu Schleimhautreizungen, Übelkeit oder Hautreaktionen führen.

Klugscheißerwissen

Parthenolid – klingt wie ein Alien, wirkt aber gegen Migräne

Parthenolid – dieser Name klingt wie ein außerirdischer Bösewicht aus einem Science-Fiction-Film, ist aber in Wahrheit ein hochwirksamer Pflanzenstoff mit heilkräftiger Mission. Gefunden wird er im Mutterkraut. Parthenolid gehört zur Gruppe der Sesquiterpenlactone – das sind sekundäre Pflanzenstoffe, die Entzündungsprozesse im Körper eindämmen können. Und das funktioniert so: Parthenolid blockiert bestimmte Botenstoffe im Nervensystem, die für die Entzündung und Erweiterung der Blutgefäße mitverantwortlich sind – zwei zentrale Faktoren bei der Entstehung von Migräne. Zudem beruhigt es überaktive Nervenzellen und kann so helfen, die Häufigkeit und Intensität von Migräneanfällen zu verringern. Ganz legal, ganz natürlich, aber mit Vorsicht zu genießen: Frisches Mutterkraut kann bei empfindlichen Menschen Schleimhautreizungen verursachen. Standardisierte Extrakte in Kapseln sind deshalb die sichere Alternative – ganz ohne außerirdische Nebenwirkungen.

Achtung

Ja, es gibt ein paar Dinge zu beachten: Margerite gilt zwar als ungiftig, kann aber bei empfindlichen Personen Hautreizungen oder allergische Reaktionen auslösen – besonders bei Korbblütler-Allergie. Mutterkraut wirkt stärker: Es kann Schleimhäute reizen und darf in der Schwangerschaft nicht eingenommen werden, da es wehenfördernd wirken kann. Also: Immer vorsichtig dosieren und nicht dauerhaft anwenden.

Glossar

- **Ähre** – Blütenstand, bei dem die Blüten dicht an einem Stängel sitzen
- **Ausläufer** – ein seitlicher Trieb, der neue Pflanzen bildet
- **Blattspreite** – der flächige Teil eines Blattes oberhalb vom Stiel
- **Blütenkelch** – die grünen Blättchen, die die Blüte von außen schützen
- **Dolde** – Blütenstand, bei dem alle Blütenstiele ungefähr auf gleicher Höhe ausstrahlen
- **doppelt gefiedert** – jedes Fiederblättchen ist selbst wieder in kleinere Teilblättchen unterteilt
- **dreizählig** – das Blatt ist in drei Teile gegliedert, die entweder vollständig getrennt oder zu einem einzelnen Blatt mit drei Abschnitten verschmolzen sind
- **Fiederblättchen** – ein kleines Blatt, das Teil eines gefiederten Blattes ist
- **fiederteilig** – ein Blatt, das in mehrere Fiederblättchen unterteilt ist
- **gefiedert** – ein Blatt, das in mehrere kleine Blättchen unterteilt ist
- **gegenständig** – die Blätter sitzen am Stängel paarweise gegenüber
- **gekerbt** – mit kleinen Einbuchtungen am Blattrand
- **gesägt** – mit spitzen Zacken am Blattrand
- **gezähnt** – mit abgerundeten Zacken am Blattrand
- **kolbenartiger Blütenstand** – Blüten, die wie ein dicker Kolben angeordnet sind
- **lanzettlich** – länglich mit spitzem Ende, wie eine Lanzenspitze
- **Mittelrippe** – die dicke zentrale Ader eines Blattes
- **Rispen** – verzweigter Blütenstand mit vielen kleinen Ähren oder Blüten
- **Röhrenblüten** – kleine, röhrenförmige Blüten in der Mitte von Korbblütlerblüten
- **rosettenartige Anordnung** – Blätter, die kreisförmig um eine Mitte angeordnet sind
- **schirmrispig** – Blütenstand, der wie ein Schirm aussieht, aber verzweigt ist
- **Teilblättchen** – noch kleinere Blättchen, die zusammen ein Fiederblättchen bilden können
- **unpaarig gefiedert** – Blatt mit ungerader Zahl von Fiederblättchen, meist mit einem Endblättchen
- **wechselständig** – Blätter sind abwechselnd angeordnet, jedes sitzt einzeln am Stängel
- **Zungenblüten** – die flachen Blüten „mit Zunge", oft bei Korbblütlern außen

Alphabetisches Verzeichnis der Pflanzen

Superschlau und leicht verrückt

Wie kann die Heidelbeere Sonnencreme produzieren? Warum ist der Beinwell ein knackiger Hipster? Und weshalb ist der Venendoktor Steinklee so stark parfümiert?

Kräuterfreak Tami von Seyr teilt in diesem Buch ihr beeindruckendes Pflanzen-Know-how mit dir. Dazu hat sie zu 50 ausgewählten Kräutern Bestimmungshilfen, wissenschaftliche Fakten und konkrete Anwendungen parat. Zu jeder Pflanze kennt Tami auch leckere Rezepte und heilsame Gesundheitstipps.

- 50 Pflanzenporträts von Ahorn bis Weißdorn mit Angabe der Inhaltsstoffe
- zu jedem Kraut Rezepte für Snacks, Tees und Drinks, heilsame Tinkturen und Auszüge
- mit nützlichem Register der Anwendungen nach Beschwerden und Wirkungen

Dein idealer Begleiter für den nächsten Wald- und Wiesenspaziergang!

Darauf haben wir gewartet: ein Buch über Wildkräuter, das so richtig Spaß macht!

Wild4kraeuter

KLUG SCHEISSER WISSEN
TAMI VON SEYR
Kräuter
50 witzige Pflanzenporträts von A bis Z
RÆTIA

Kräuterwissen mit System

Nur wer die Wirkstoffe der Kräuter kennt, kann ihre Heilkraft effizient nutzen. Die bekannte Kräuterpädagogin und Biologin Sigrid Thaler Rizzolli beschreibt über 150 Heilsubstanzen und erklärt verständlich und anwendungsorientiert Fachbegriffe wie Polyphenole, Tannine oder Terpenoide.

- 40 Porträts der heilkräftigsten Wildkräuter mit Wirkungsweisen, Mythologie und Brauchtum
- bei jedem Kraut Angabe von heutigen Verwendungen sowie Rezepte
- mit detaillierten Pflanzenfotografien von Marion Lafogler

Eine wertvolle Orientierungshilfe für alle Kräuterfans mit vielen alltagstauglichen Rezepten zum Selbermachen.

Die Verbindung aus botanischem und überliefertem Wissen überzeugt auch Fachleute!

Buchjournal

Eine Schatzkiste voller Heilmittel und Kochrezepte

Die „Kräuter-Rosi" beschäftigt sich seit ihrer Kindheit mit der Kraft der Kräuter und Wildpflanzen. Sie kann auf ein generationenaltes Familienwissen über die Natur zurückgreifen. Besonders wertvoll sind die Rezepturen von Großmutter Agnes. Diese bringt Rosi in die heutige Zeit und ergänzt sie nach dem aktuellen Wissensstand. Ihr Buch ist ein neues Standardwerk für den Kräutergarten: Es deckt von Hausmitteln, Kochrezepten, Sammeltipps bis hin zu Naturfärbungen alle Bereiche ab.

- über 250 Rezepturen
- viele Infos rund ums Sammeln, Aufbewahren und Verarbeiten von Kräutern und Wildpflanzen
- Sammelkalender und ausführliches Register
- Grundrezepte für Salben, Seifen, Räucherungen u. v. m.

Wer einen kundigen Einstieg in die Kräuterwelt der Alpen sucht: Hier ist er.

NaturApotheke

Rosi Mangger Walder
DAS
Kräuter-
wissen
MEINER
Großmutter
2. AUFLAGE
RÆTIA

Impressum

Gedruckt mit Unterstützung
der Südtiroler Landesregierung,
Abteilung Deutsche Kultur

Autonome Provinz Bozen
Provincia autonoma di Bolzano
Provinzia autonoma de Bulsan
SÜDTIROL · ALTO ADIGE

1. Auflage

ISBN: 978-88-7283-953-9

Projektleitung: Felix Obermair
Lektorat: Helene Dorner
Korrektur: Katharina Preindl, www.semikolon.it
Grafik und Umschlaggestaltung:
Alessandra Stefanut, www.cursiva.it
Fotos:
Innenseiten: Tami von Seyr
Pflanzenfotos auf S. 5, 6, 10, 96, 140, 166, 198: Unsplash
Icons: Freepik
Titel, Porträtfotos der Autorin (S. 2, Klappe): Caroline Renzler, www.silbersalz.it
Druckvorstufe: Typoplus, Frangart
Druck: Longo AG, Bozen

Informationen zur allgemeinen Produktsicherheit GPSR und Einsicht in die technische Dokumentation:

Edition Raetia
Zollstangenplatz 4
39100 Bozen
Italien
info@raetia.com

Eindeutige Identifizierung des Produkts:
ISBN 978-88-7283-953-9

Unseren Gesamtkatalog finden Sie unter www.raetia.com. Bei Fragen und Anregungen wenden Sie sich bitte an info@raetia.com.

Edition Raetia
verzichtet der Umwelt zuliebe
auf die Schutzfolie aus Plastik.

FSC
www.fsc.org
MIX
Papier | Fördert gute Waldnutzung
FSC® C023164

Die Angaben zu den Kräutern in diesem Buch wurden sorgfältig geprüft. Autorin und Verlag lehnen jedoch jegliche Haftung für allfällige Schäden, die sich aus dem Gebrauch oder Missbrauch der hier vorgestellten Informationen ergeben, ab. Die Behandlungsmöglichkeiten in diesem Buch ersetzen nicht eine ärztliche Therapie.